例題で
学ぶ

はじめての
電源回路

柿ヶ野浩明 著

技術評論社

本書の文字表記について

　量記号やベクトル、無次元パラメータや基本定数、数値や数学記号の表記法は、JISで定められています。たとえば、量記号はラテン文字またはギリシャ文字の1文字で、すべてイタリック体（斜体）で表記します。また、ベクトル、テンソル、行列は太字（ボールド）の斜体です。単位記号は接頭語（n、μ、m、k、M、Gなど）を含めて直立体です。数値は直立体、数学記号は一般に定められている定数（e（自然対数の底），iまたはj（虚数単位），π（円周率））の記号は原則として直立体としています。

　本書では、内容の理解に重点をおき、文字の表記については基本的にJISに従いつつ、一部定数などはイタリック体にしています。

はじめに

　本書では、電力変換器の中でも生活に最も身近な電源回路の基礎について、例題を用いながらステップ・バイ・ステップでやさしく解説しています。大学生や高等専門学校生を対象としていますが、電気技術者が電源回路を学ぶための入門書としても活用できます。

　本書の各章の概要は次のようになります。

　第1章では、電源回路の概略を説明します。電源回路の必要性について説明し、電源回路の種類と基本的な原理を簡単に紹介します。

　第2章では、キャパシタとインダクタ、変圧器について説明します。これらは、電源回路において重要な役割を担いますので、改めて簡単に説明します。より詳しく学びたい方は、電気回路や電磁気学、電気機器工学の教科書を参照してください。

　第3章では、交流を直流に変換する整流回路を説明します。整流にはダイオードを用います。ダイオードは、一方向にしか電流を流さない半導体素子です。本書ではダイオードの詳細な説明は省いておりますので、より詳しく学びたい方は電子回路や半導体工学、パワーエレクトロニクスの教科書を参照してください。

　第4章では、この後に学ぶリニアレギュレータで用いられるツェナーダイオードとトランジスタ、オペアンプについて簡単に説明します。これらの素子について、より詳しく学びたい方は、電子回路や半導体工学の教科書を参照してください。

　第5章では、リニアレギュレータの一方式であるシャントレギュレータについて説明します。まず、原理について説明し、具体的な回路の説明をします。

　第6章では、もう1つのリニアレギュレータであるシリーズレギュレータについて動作を説明します。その後、三端子レギュレータやACアダプタについて説明します。

　第7章では、リニアレギュレータより効率の高いスイッチングレギュレータについて説明します。まずスイッチングレギュレータの原理と種類を説明し、スイッチとして用いられる半導体デバイスを紹介します。半導体デバイスについてより詳しく学びたい方は、半導体工学やパワーエレクトロニクスの教科書を参照してください。

　第8章では、降圧チョッパについて説明します。まず、降圧チョッパの回路と動作について説明し、その後パルス幅変調（PWM）について説明します。

　第9章では、その他のチョッパ方式のレギュレータ（昇圧チョッパ、昇降圧チョッパ、双方向チョッパ）について説明します。

第10章では、絶縁型 DC−DC コンバータの1つであるフライバックコンバータについて説明します。その後、スナバ回路やスイッチング素子の定格について説明します。

第11章では、その他の絶縁型 DC−DC コンバータ（フォワードコンバータ、プッシュプルコンバータ）について説明します。

第12章では、制御について説明します。制御工学を学んでいない方には、本章は少し難しいかもしれません。まずは、本書で制御工学のイメージだけでも掴んでもらえれば良いと思います。より詳しく学びたい方は、制御工学の教科書を参照してください。

第13章では、具体的に降圧チョッパのインダクタを流れる電流の制御について説明します。本章も、前章の内容がわからないと難しいと思いますが、制御ブロックのイメージだけでも掴んでもらえれば良いと思います。

第14章では、太陽電池からなるべく多くの電力を取り出す回路について昇圧チョッパを用いて説明します。

電源回路に関する書籍には、回路設計を目的とした実践的な内容のものもあります。それに対し、本書では受動素子やスイッチング素子などが理想的であるとして、電源回路の動作を把握することを主眼としました。より技術的な内容については、他の電源回路の書籍を参考にしてください。また、電源回路はパワーエレクトロニクスという学問分野に含まれていますので、理論についてのより詳しい説明は他のパワーエレクトロニクスの書籍を参考にしてください。

電源回路には、電気回路・電子回路・制御工学・半導体工学などの知識や技術が組み合わさっています。電源回路を学ぶに当ってどこから手をつけたらよいかわからない読者にとって、本書が電源回路やパワーエレクトロニクスの世界に踏み出す一助となれば、著者として望外の喜びです。

最後に、本書執筆の好機を与えて頂いた臼田昭司先生と技術評論社の諸氏に感謝いたします。

CONTENTS

第 1 章　電源回路の概要

1-1　電源とは……………………………………………………………………10
1-2　直流と交流……………………………………………………………………12
1-3　なぜコンセントの電圧は交流なのか…………………………………………14
1-4　電源回路の構成………………………………………………………………17
1-5　リニアレギュレータの原理…………………………………………………19
1-6　スイッチングレギュレータの原理…………………………………………21

第 2 章　電源回路における受動素子

2-1　キャパシタ……………………………………………………………………26
2-2　インダクタ……………………………………………………………………28
2-3　電圧と電流の関係……………………………………………………………29
2-4　変圧器…………………………………………………………………………34

第 3 章　ダイオード整流回路

3-1　半波整流回路…………………………………………………………………40
3-2　全波整流回路…………………………………………………………………43
3-3　平滑回路………………………………………………………………………46
3-4　変圧器を用いた降圧…………………………………………………………49

第4章　リニアレギュレータに使われる素子

4−1	ツェナーダイオード	52
4−2	トランジスタ	55
4−3	オペアンプ	58

第5章　シャントレギュレータ

5−1	シャントレギュレータの原理	62
5−2	ツェナーダイオードを用いた回路	65
5−3	トランジスタを用いた回路	68

第6章　シリーズレギュレータ

6−1	トランジスタを用いた回路	74
6−2	三端子レギュレータ	77
6−3	AC アダプタ	80

第7章　スイッチングレギュレータの概要

7−1	スイッチングレギュレータの原理	84
7−2	スイッチングレギュレータの種類	87
7−3	スイッチング素子	89

第8章 降圧チョッパ

8-1	降圧チョッパ	96
8-2	デューティと入出力電圧の関係	102
8-3	パルス幅変調（PWM）	105

第9章 非絶縁型チョッパ方式レギュレータ

9-1	昇圧チョッパ	110
9-2	昇降圧チョッパ	114
9-3	双方向チョッパ	118

第10章 フライバックコンバータ

10-1	フライバックコンバータ	124
10-2	スナバ回路	129
10-3	スイッチング素子の定格	131

第11章 絶縁型スイッチングレギュレータ

11-1	フォワードコンバータ	136
11-2	プッシュプルコンバータ	141
11-3	他の絶縁型スイッチングレギュレータ	146

第12章　制御の基礎

12−1	制御とは	150
12−2	ラプラス変換	153
12−3	伝達関数とブロック線図	157
12−4	一次遅れの伝達関数	159

第13章　降圧チョッパの制御

13−1	降圧チョッパのブロック線図	164
13−2	降圧チョッパの電流制御	168
13−3	制御の時定数	170

第14章　太陽電池に適用する昇圧チョッパ

14−1	太陽電池の特性	174
14−2	最大電力点追従（MPPT）	178
14−3	昇圧チョッパを用いた MPPT 制御	181

| 付　録 | コンセントの形状 | 184 |

第1章
電源回路の概要

　本章では、電源回路の概略を説明します。まず、電源とは何かを学びます。次に、電源回路の必要性を説明します。最後に、電源回路の種類と、リニアレギュレータとスイッチングレギュレータという2つの方式の原理を簡単に紹介します。

1-1 電源とは

　電源（power supply）と聞いたとき、どのようなイメージが浮かぶでしょうか。電気回路を習ったことがある人でも、具体的なイメージが浮かばない人の方が多いのではないかと思います。しかし、あらゆるものが電気エネルギーで動作している現代の社会において、電源は私たちの身の回りのいたる所で活躍しています。

　例えば、携帯電話やノートパソコン、タブレットなどの充電器（ACアダプタ）も電源の1つです。図1－1に携帯電話の充電器の例を示します。携帯電話は内部の電池から電気エネルギーを得て動作していますが、しばらく使うと電池が切れてしまうので、定期的に充電を行う必要があります。電池は直流（direct current、DC）なので、充電するときも直流でエネルギーを供給する必要があります。一方、家庭のコンセントは交流（alternating current、AC）の100Vです。交流は、電圧が一定の周期でプラスになったりマイナスになったりします※注。そのため充電器は、コンセントの交流100Vを直流5Vに変換する役割を担っています。

　このように、電気エネルギーを負荷（load）が必要とする形式（電圧・電流・周波数等）に変換して供給する機器を一般に電源と呼びます。

　ところで、扇風機や冷蔵庫、デスクトップパソコンなど家電機器の多くは、コンセントと機器との間に充電器のようなものはなく、直接機器につながっていま

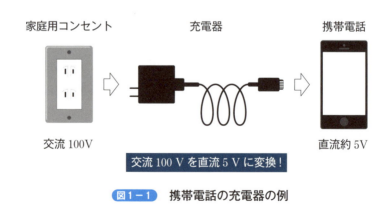

図1－1　携帯電話の充電器の例

※注：直流と交流については次節で詳しく説明する。

第1章　電源回路の概要

す。これらの家電は交流100 Vで動作しているのでしょうか？　実は、これらの機器も内部に電源を持っていて、そこで必要とする電力に変換しています。換気扇やヒーターなど、交流100 Vを直接使用する機器も一部ありますが、ほとんどの家電は内部に電源を持っています。

[例題1－1]
　ある充電器に図1－2の標記がある。この意味を説明しなさい。

Input: 100-240V ~ 0.15A 50/60Hz
Output: 5V --- 1A

図1－2　ある充電器の標記

[解答]
　「Input」は入力、「Output」は出力という意味です。また、「～」は交流、「---」は直流を意味しています。50/60 Hzの「/」は「または (or)」という意味です。一般に電源は入力できる電圧や電流、出力できる電圧や電流が定まっています。これを定格（rating）と呼びます。入力電圧は、交流100 Vから240 Vと幅がありますが、これは海外のコンセントの電圧にも対応できるように作られているためです。また、電力系統の周波数は、50 Hzか60 Hzが国際標準ですので、どちらにも対応できるようになっています。

答：入力は、定格電圧が交流100 Vから240 V、定格電流0.15 A、
周波数が50 Hz または60 Hz であり、出力は、
定格電圧が直流 5 V、定格電流 1 A であることを示している。

11

1-2 直流と交流

　電気回路には、直流と交流の2種類があります。なぜ、この2種類の方式を用いているのでしょうか。本節ではこれらの違いと特徴について述べます。
　まず、直流について説明します。図1-3に、乾電池と豆電球が接続された回路を示します。乾電池は、プラス（＋）とマイナス（－）の極性があり、スイッチを入れると電流はプラスからマイナスに流れます。このように、流れる方向が時間的に変わらない電流を直流と呼びます。電気以外の生活インフラである水道やガスについても一方向にしか流れませんので、直流と同じです。その他、河川や体内の血液など、身の周りには一方向にしか流れないものが多いので、直流は理解しやすいと思います。

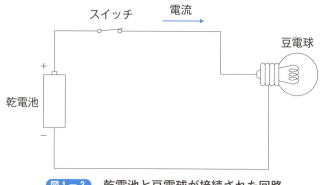

図1-3　乾電池と豆電球が接続された回路

　次に、交流について説明します。図1-4に負荷として抵抗を接続した場合の直流と交流の電流波形を示します。オームの法則（$E=RI$）より電圧は電流に比例しますので、この場合、電圧波形も同様の波形になります。先に述べたように、直流では一方向しか電流が流れませんが、交流は時間とともに電流の方向がプラスになったりマイナスになったりします。具体的に家庭における交流100 Vのコンセントの電圧の波形は、図に示すような正弦波（sine wave）となっています。このように、交流では周期的に電流（または電圧）の方向がプラスになったりマイナスになったりします。

第1章 電源回路の概要

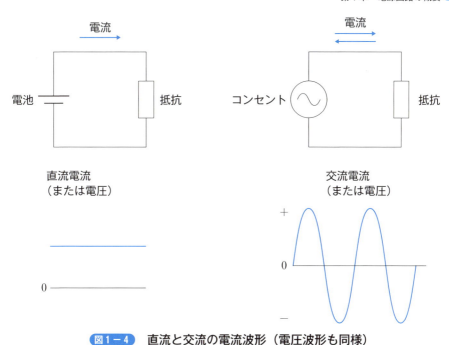

図1-4 直流と交流の電流波形（電圧波形も同様）

[例題1-2]

図1-5の波形Aと波形Bは、それぞれ直流か交流のどちらか。

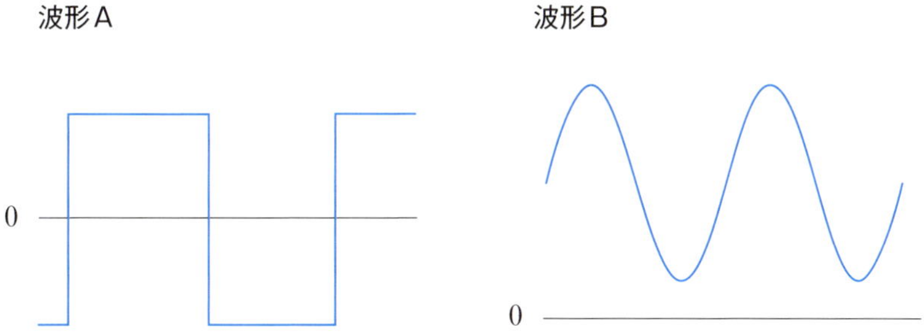

図1-5 波形Aと波形B

[解答]

波形Aは、周期的に符号がプラスになったりマイナスになったりしているので、交流です。一方、波形Bは、形状は正弦波の様ですが、値が常に正ですので直流です。

答：波形Aは交流で、波形Bは直流

13

1-3 なぜコンセントの電圧は交流なのか

このように電気回路では、直流に加えて交流を扱います。直流はわかりやすいと思いますが、交流は少し分かりにくいのではないかと思います。そもそも、なぜコンセントの電圧は交流なのでしょう。それについて説明する前に、まず次の例題を考えてみましょう。

[例題1-3]

図1-6に示すように、発電機から離れた場所にあるモータに電力を供給するとする。モータの電圧を $V_m=100$ [V]、モータの消費電力を $P_m=1000$ [W]、発電機とモータの間のケーブルの抵抗 r を0.4 Ωとするとき、ケーブルでの損失（抵抗 r の消費電力）P_{loss} [W] を求めなさい。次に、モータの電圧を200 Vとした場合のケーブルの損失を求めなさい。直流で考えても交流で考えてもどちらでも構わない（交流で考える場合は、上記に示した電圧は実効値）。

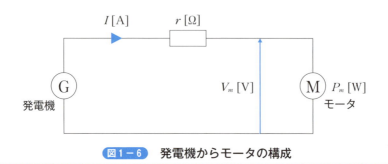

図1-6　発電機からモータの構成

[解答]

まず、モータの電圧が100 Vの場合、電流 I [A] は次式で求められます。

$$I = \frac{P_m}{V_m} = \frac{1000}{100} = 10 \text{ [A]} \qquad (1-1)$$

よって、ケーブルの損失 P_{loss} は、

$$P_{loss} = r \times I^2 = 0.4 \times 10^2 = 40 \text{ [W]} \qquad (1-2)$$

となります。次に、モータの電圧が200 Vの場合、電流 I [A] は

$$I = \frac{P_m}{V_m} = \frac{1000}{200} = 5 \,[\text{A}] \tag{1-3}$$

です。よって、ケーブルの損失 P_{loss} は、

$$P_{loss} = r \times I^2 = 0.4 \times 5^2 = 10 \,[\text{W}] \tag{1-4}$$

となります。

<u>答：モータの電圧が100 V の場合、ケーブルの損失は40 W。</u>
<u>モータの電圧が200 V の場合、ケーブルの損失は10 W。</u>

　例題1－3より、モータの入力電圧を2倍に上げるとケーブルでの損失は4分の1になることがわかりました。家庭のコンセントには発電所から電力が送られていますが、発電所からの距離が離れている場合は、送配電の電圧が高いほど電線の抵抗による損失が少なくなります。

　交流の場合、電圧を高くしたり低くしたりするために**変圧器**（transformer）を使うことで容易に電圧を変えることができます。図1－7は、発電所から需要家までの電力の流れを示しています。途中、変電所内の変圧器で電圧を変換し、高い電圧で送電していることがわかります。このように、電力システムでは交流が広く用いられています。

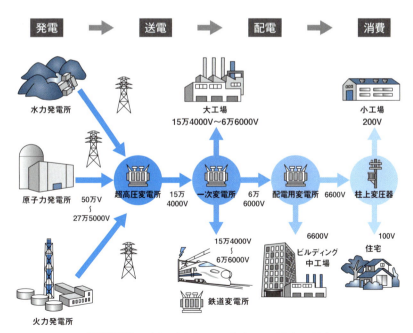

図1－7 発電所から需要家までの電力の流れ

1－3　なぜコンセントの電圧は交流なのか

　　その他、電力システムで交流が使われる理由として、

・水車やタービンを用いた同期発電機の出力が交流であるため、そのまま電力シ
　ステムに接続できる
・交流は周期的に電流がゼロになる点があるため、事故時の遮断がしやすい

などが挙げられます。
　このように、家庭のコンセントは交流ですが、現在の家電機器のほとんどは内
部で直流に変換して電力を消費しています。エアコンや掃除機などモータを動作
させる機器も、一度直流に変換した後に、モータに適した交流にインバータ
（inverter）で変換しています。よって、これらの機器には交流を直流に変換す
る電源が必要となります。

1-4 電源回路の構成

前節で説明したようにコンセントの電圧は交流です。この交流を直流に変換するのが電源回路です。電源回路の構成例を図1-8に示します[※注]。コンセントの電圧は、交流100 Vと電子機器にとっては高い電圧ですので、電圧を変圧器で低くします（変圧）。次に、第3章で学ぶ整流回路で交流を直流に変換します（交直変換）。その後、平滑回路で電圧の変動をなるべく少なくします（平滑化）。最後に、レギュレータで負荷が必要とする電圧を安定に供給します（安定化）。

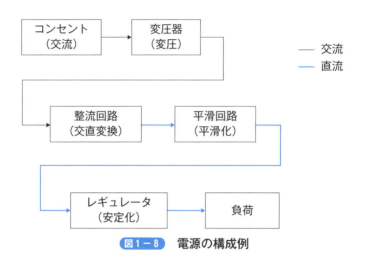

図1-8 電源の構成例

レギュレータの種類を図1-9に示します。電源回路は、大きくリニアレギュレータ（linear regulator）とスイッチングレギュレータ（switching regulator）の2種類に分けられます。歴史的には、当初リニアレギュレータが使われていましたが、1970年代からスイッチングレギュレータが普及し始め、現在ではスイッチングレギュレータが主流となっています。

※注：この構成の具体的な回路については、6-3節で学ぶ。

1-4 電源回路の構成

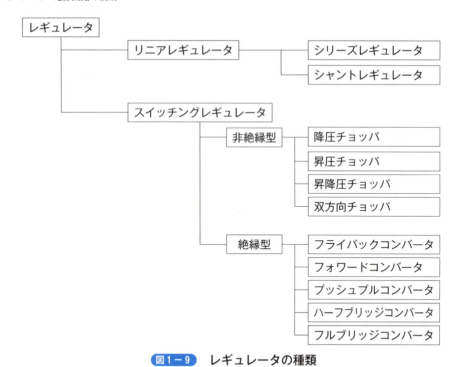

図1-9　レギュレータの種類

1-5 リニアレギュレータの原理

リニアレギュレータには、さらに**シリーズレギュレータ**（series regulator）と**シャントレギュレータ**（shunt regulator）の2種類の方式があります。ここでは、シリーズレギュレータの原理を簡単に説明します。図1-10は、入力電圧 v_{in} と負荷抵抗 R_{out} の間に可変抵抗 R_v が直列に接続された回路です。

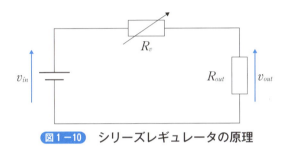

図1-10　シリーズレギュレータの原理

電源回路は、負荷に印加される電圧 v_{out} をなるべく一定に保つ必要があります。負荷電圧 v_{out} は抵抗の分圧則から式（1-5）で表されるため、入力電圧 v_{in} や負荷抵抗 R_{out} が変化した場合にも、R_v を適切に調整することで、負荷電圧 v_{out} を一定に保つことができます。

$$v_{out} = \frac{R_{out}}{R_{out}+R_v} v_{in} \tag{1-5}$$

[例題1-4]

図1-10において、入力電圧 $v_{in}=10$ [V]、負荷抵抗 $R_{out}=5$ [Ω] のとき、
(1) 負荷電圧 v_{out} を5Vにするためには、可変抵抗 R_v を何オームに調整すればよいか。
(2) 入力電圧 v_{in} が8V、負荷抵抗 R_{out} が2Ωに変化した場合、負荷電圧 v_{out} を5Vに保つためには、可変抵抗 R_v を何オームに調整すればよいか。

[解答]

式（1-5）を変形すると、

$$R_v = \left(\frac{v_{in}}{v_{out}} - 1\right) R_{out} \tag{1-6}$$

1－5　リニアレギュレータの原理

となります。この式の右辺に値を代入すると、$R_v = 5\,[\Omega]$ となります。同様に、入力電圧 v_{in}、負荷抵抗 R_{out} が変化した場合についても、式（1－6）に代入して $R_v = 1.2\,[\Omega]$ が得られます。このように、入力電圧や負荷抵抗の変化にあわせて、その間の可変抵抗を調整することにより負荷電圧 v_{out} を一定にすることができます。

答：(1)　$R_v = 5\,[\Omega]$、(2)　$R_v = 1.2\,[\Omega]$

　実際のシリーズレギュレータでは、可変抵抗の役割をトランジスタが担います。具体的には、負荷電圧が一定になるようにオペアンプを使ってトランジスタのベース電流を調整します[※注]。

　このように、リニアレギュレータは電源と負荷の間に等価的に可変抵抗が直列（または並列）に接続し、電力が熱として消費されます。このためスイッチングレギュレータと比較して効率（efficiency）（入力電力に対する出力電力の割合）が低くなってしまう短所があります。

[例題 1－5]
　例題 1－4 の(1)、(2)の条件について、それぞれ効率を求めなさい。

[解答]
　(1)の負荷電流は、オームの法則より 5 [V]／5 [Ω] ＝ 1 [A] です。よって、負荷の消費電力は、5 W となります。入力電圧源と負荷は直列で接続しているため、電流は同じ 1 A であり、入力電力は10 W となります。よって、効率 η は、

$$\eta = \frac{5}{10} \times 100 = 50\,[\%] \qquad\qquad (1-7)$$

となります。(2)も同様に計算すると、負荷電流が2.5 A なので、

$$\eta = \frac{5 \times 2.5}{8 \times 2.5} \times 100 = 62.5\,[\%] \qquad\qquad (1-8)$$

答：(1)　50%、(2)　62.5%

となります。

※注：リニアレギュレータについては、第4章以降で詳しく述べる。

1-6 スイッチングレギュレータの原理

図1-9に示したように、スイッチングレギュレータは大きく絶縁型（isolated type）と非絶縁型（non-isolated type）の2つの方式に分けられます。さらに、それぞれにおいて種々の回路があります。本節ではスイッチングレギュレータに共通する原理を簡単に説明します。スイッチングレギュレータには、その名の通りスイッチが使われます。図1-11は、入力電圧 v_{in} と負荷 R_{out} の間にスイッチSを直列に接続した回路です。

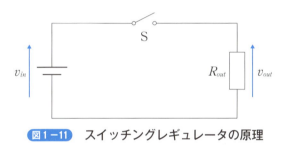

図1-11 スイッチングレギュレータの原理

このスイッチSを一定の間隔でオン・オフすることにより、負荷電圧 v_{out} は図1-12のような波形となります。この形状の波形を、方形波または矩形波（square ware）と呼びます。

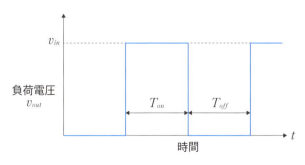

図1-12 負荷電圧 v_{out} の波形

ここで、スイッチがオンしている時間を T_{on}、オフしている時間を T_{off} とすると、負荷 R_{out} に印加される電圧の平均値 v_{avg} は以下の式で表されます。

1-6 スイッチングレギュレータの原理

$$v_{avg} = \frac{T_{on}}{T_{on}+T_{off}} v_{in} \text{ [V]} \qquad (1-9)$$

この式より、オンしている時間の割合を変えることによって、負荷の平均電圧を変化させることができます。また、電圧源（voltage source）と負荷との間にはスイッチしかないので、スイッチが理想的（ideal）である場合は、損失が生じません。このため、容量が数ワット以上の電源の多くはスイッチングレギュレータ[※注]が一般的です。

ところで、図1-12のような方形波のままでは、負荷に一定の電圧が印加されません。そこで、実際の電源では図1-13に示すようにインダクタLとダイオードDなどを使って、なるべく一定の電圧が印加されるように工夫します。

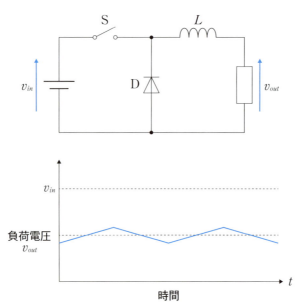

図1-13　インダクタとダイオードを追加した回路と負荷電圧 v_{out} の波形

※注：スイッチングレギュレータの詳細については、第7章以降で詳しく説明する。

第1章　電源回路の概要

[例題 1 − 6]

　図 1 −11の回路で、入力電圧を100 V、スイッチのオン時間200 μs、オフ時間300 μs とした場合、負荷の平均電圧を求めなさい。

[解答]

　式（ 1 − 9 ）より、負荷にかかる平均電圧 v_{avg} は、

$$v_{avg} = \frac{T_{on}}{T_{on} + T_{off}}\, v_{in} = \frac{200}{200 + 300} \times 100 = 40\ [\text{V}] \qquad (1 -10)$$

となります。

<u>答：40 V</u>

23

第 2 章
電源回路における受動素子

　本章では、電源回路で重要な役割を持つキャパシタ（コンデンサ）とインダクタ（コイル、リアクトル）および変圧器（トランス）について学びます。これらの受動素子は、電気回路などで既に学んでいると思いますが、電源回路において重要な役割を担いますので本章で改めて説明します。

2-1 キャパシタ

キャパシタ（capacitor）は電荷を蓄えることができる素子で、コンデンサとも呼ばれます。キャパシタの回路記号と電荷と電圧のイメージを図2-1に示します。

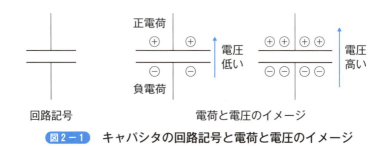

図2-1　キャパシタの回路記号と電荷と電圧のイメージ

キャパシタは、電荷の量に比例して電圧が変化し、電荷を q [C]、電圧を v [V] とすると次式が成り立ちます。

$$q = Cv \quad [\text{C}] \tag{2-1}$$

ここで、比例定数の C [F] を**キャパシタンス**または**静電容量**（capacitance）と呼びます。キャパシタンスは、キャパシタの「器の大きさ」を表します。図2-2にキャパシタンスのイメージを示します。同じ電荷を貯める場合、キャパシタンスの小さい方が電圧が高くなります。また、同じ電圧の場合、キャパシタンスの大きい方が多くの電荷を貯めることができます。

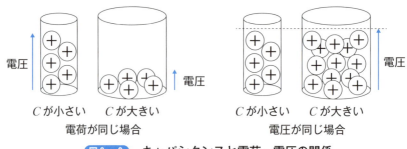

図2-2　キャパシタンスと電荷・電圧の関係

第2章　電源回路における受動素子

[例題2－1]

　静電容量が20 μF のキャパシタに100 V の電圧を印加した場合、キャパシタに蓄えられる電荷を求めなさい。

[解答]

　$q = Cv$ に代入すると、$q = 20\ [\mu\text{F}] \times 100\ [\text{V}] = 2\ [\text{mC}]$

答：2 mC

[例題2－2]

　図2－3のキャパシタについて、電流 i [A] と電荷 q [C] の関係から、キャパシタの電圧 v [V] と電流 i [A] の関係を、キャパシタンス C [F] を用いて求めなさい。

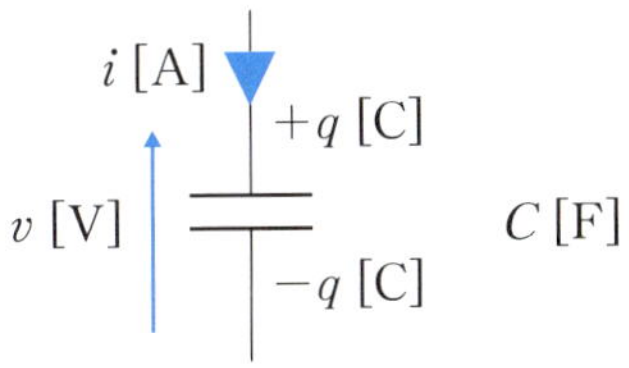

i [A]

v [V]　　$+q$ [C]

　　　　$-q$ [C]　　C [F]

図2－3　キャパシタの電圧、電流、電荷、キャパシタンス

[解答]

　電流 i [A] と電荷 q [C] の関係式は、

$$i = \frac{dq}{dt}\quad [\text{A}] \tag{2－2}$$

です。式（2－1）の両辺を微分すると、

$$\frac{dq}{dt} = C\frac{dv}{dt} \tag{2－3}$$

となるので、式（2－2）の関係より次式が得られます。

$$i = C\frac{dv}{dt} \tag{2－4}$$

答：式（2－4）

27

2-2 インダクタ

インダクタ（inductor）は、コイルまたはリアクトルとも呼ばれ、キャパシタと同じようにエネルギーを蓄える素子です。キャパシタと異なり、インダクタの動作はイメージしづらいかもしれませんが、インダクタはキャパシタと対となる関係にあると考えるとわかりやすくなるかと思います。

インダクタは電流によって生じる磁場のエネルギーを蓄えます。インダクタの回路記号と磁気エネルギーのイメージを図2-4に示します。インダクタに電流が流れると**右ねじの法則**（Ampere's right hand rule）に従って磁束 ϕ [Wb] が生じます。ここで、インダクタの巻数を N とすると、磁束 ϕ に巻数 N を乗じた値を**磁束鎖交数**（flux linkage）ψ [Wb] と呼び、

$$\psi = N\phi \quad [\text{Wb}] \qquad (2-5)$$

と表します。この磁束鎖交数とインダクタンス L [H] と電流 i [A] の関係式は天下り的ですが、式（2-6）で表されます。

$$\psi = N\phi = Li \quad [\text{Wb}] \qquad (2-6)$$

この式は、キャパシタの式（2-1）に対応しています。つまり、インダクタは、電流 i [A] に比例して磁束鎖交数 ψ [Wb] という値を蓄えていると考えることができます。キャパシタは電荷を使って説明できるので理解しやすいですが、この電荷に相当するものがインダクタでは磁束鎖交数となります。

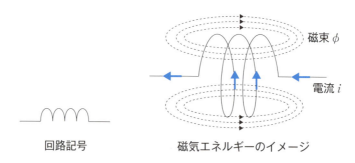

回路記号　　　磁気エネルギーのイメージ

図2-4 インダクタの回路記号と磁気エネルギー（磁束）のイメージ

2-3 電圧と電流の関係

抵抗 R [Ω] に流れる電流 i [A] と抵抗の両端にかかる電圧 v [V] の関係は、次式のオームの法則で表されます。

$$v = Ri \quad [\text{V}] \tag{2-7}$$

同様に、インダクタとキャパシタについても、電圧と電流の関係式があります。キャパシタンス C [F] のキャパシタの電圧 v [V] と電流 i [A] の関係は、例題2-2で求めたように微分を用いて次式で表されます。

$$i = C\frac{dv}{dt} \quad [\text{A}] \tag{2-8}$$

電流源（current source）にキャパシタ C と負荷抵抗 R が並列に接続している回路を図2-5に示します。電流源は、電流 i_{in} を常に流し続けています。式（2-8）は、この回路においてキャパシタが「負荷抵抗の電圧 v の変化を妨げる」ように動作することを示しています。例えば、負荷抵抗 R の値が小さくなった場合、キャパシタが接続していなければ式（2-7）より抵抗に比例して電圧 v は下がります。しかし、キャパシタが接続されている場合は、R の値が小さくなって電圧が下がると式（2-8）の右辺の dv/dt が負となります。そのため、キャパシタ電流 i も負となり、キャパシタ C から抵抗 R に電流が流れます。このように、キャパシタ C に蓄えられていた電荷が抵抗 R に供給されることで負荷電圧 v が緩やかに下がります。また、キャパシタンス C が大きいほど電圧の変化は緩やかになります。

同様に、インダクタンス L [H] のインダクタの電圧 v [V] と電流 i [A] の関係は、微分を用いて次式で表されます。

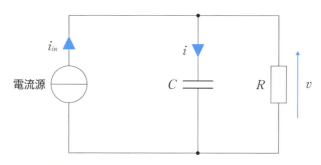

図2-5 キャパシタと負荷抵抗が並列接続した回路

2-3 電圧と電流の関係

$$v = L\frac{di}{dt} \quad [\text{V}] \tag{2-9}$$

インダクタが負荷抵抗と直列に接続している回路を図2-6に示します。式（2-9）は、この回路においてインダクタが「電流 i の変化を妨げる」ように動作することを示しています。例えば、負荷抵抗 R の値が小さくなった場合、インダクタ L が接続していなければ式（2-7）より抵抗に反比例して電流 i は大きくなります。しかし、インダクタが接続されている場合は、R の値が小さくなって電流が増えると式（2-9）の右辺の di/dt が正となります。そのため、インダクタ電圧 v_L も正となり、負荷抵抗 R には電圧源 v_{in} からインダクタの電圧 v_L を引いた値が加わります。その結果、負荷電流 i が緩やかに大きくなります。また、インダクタンス L が大きいほど電流の変化は緩やかになります。

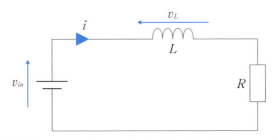

図2-6 インダクタと負荷抵抗が並列接続した回路

この動作を図2-7に示す水管の中にあるらせん状の水車で説明します。水管の中の水流に比例して水車が回転しているとします。ここで、水車には質量（慣性）があり、回転による摩擦がないとします。水流の速度に変化がなければ、水車はただ回転するのみで上流と下流の水圧は同じです。次に、下流にある弁が開かれて下流の流量が多くなった場合を考えます。水車には慣性がありますので、水車の回転速度はすぐには変わらず、これまでと同じ水量を流し続けようとします。そのため、下流の水圧が低くなり、水車の上流と下流の間に水圧差が生じます。その後、水車の回転速度は緩やかに上昇し最終的に一定となります。その結果、上流と下流の水圧は等しくなります。反対に、下流の流量が少なくなった場合は下流の水圧が上流よりも高くなり、水車の回転数と流速は緩やかに減少することになります。電気回路におけるインダクタは、この水車のように流れの変化を妨げるような動作をします。

第2章　電源回路における受動素子

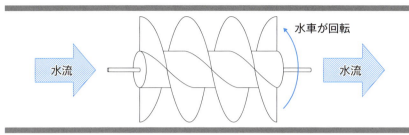

図2-7　水管の中のらせん状の水車

[例題2-3]
　図2-7において、電流を水流に置き換え、インダクタを水車に置き換えて考えた。それでは、電気回路における電圧、インダクタンス、インダクタに蓄えられるエネルギーは、それぞれ水管の中の何に置き換えて考えることができるか。

[解答]
　まず、電気回路における電圧は、水管内の水圧に置き換えて考えることができます。例えば、水車の上流の水圧を高くした場合、水流が増え水車の回転数が上がり水車の下流の水圧は上昇します。やがて、水車の上流と下流の水圧は等しくなり、水流が一定となります。これは、インダクタにおける電圧と電流の変化に対応します。
　インダクタのインダクタンスは、水車の慣性モーメント（回転方向の慣性）に対応します。慣性モーメントが大きいと、水圧に対する水車の回転の変化が遅くなるので、水流の変化も遅くなります。インダクタも、インダクタンスが大きいほど電圧に対する電流の変化が緩やかになります*注。
　また、インダクタに蓄えられるエネルギーは、水車の回転のエネルギーに対応します。

答：電圧は、水圧。インダクタンスは、慣性モーメント。
　　インダクタのエネルギーは、水車の回転エネルギーに
　　それぞれ置き換えて考えることができます。

　電気回路において、式（2-7）〜（2-9）の3つの式は大変重要で、キルヒホッフの電流則・電圧則とあわせて回路方程式を立てることで受動素子（抵

※注：厳密には、水圧差と回転方向の力の関係や、水流と回転速度の関係を考慮に入れる必要がある。

抗・キャパシタ・インダクタ）と電源（電圧源・電流源）で構成される電気回路の各素子の電圧・電流を求めることができます。

　電源回路では、加えてダイオードやMOSFETなどのスイッチング素子が含まれ、ダイオードやスイッチング素子のオン・オフによって回路を流れる電流の経路が変化します。ダイオードやスイッチング素子が理想的であるとすると、順電圧降下や抵抗などが無視できます。よって、ある電流経路から次の電流経路に変化するまでは、抵抗・キャパシタ・インダクタと電源の回路で表すことができ、電流経路ごとに初期値を与えて回路方程式を解くことで各素子の電圧・電流を求めることが可能です。しかし、これを計算するのは時間がかかるため、実際はシミュレータを用いて電圧や電流を求めます。

[例題2－4]
　式（2－6）から式（2－9）を求めなさい。

[解答]
　式（2－6）の両辺を微分すると、

$$N\frac{d\phi}{dt} = L\frac{di}{dt} \qquad (2-10)$$

となります。一方、レンツの法則より

$$v = N\frac{d\phi}{dt} \qquad (2-11)$$

が成り立ちます。ここで、図2－8に示すように、電圧 v は電流 i と逆の向きを正としているので、式（2－11）の右辺の符号は正となります。電磁気学では、式（2－11）の右辺に負の記号が付くと思いますが、これは磁束に対する電流と電圧の向きを両方とも同じ方向（一般に右ねじの法則の方向）にとっているためです。式（2－10）と式（2－11）より式（2－9）が求まります。

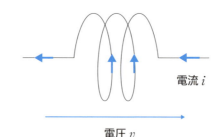

図2－8　インダクタの電圧、電流の方向

[例題2－5]
　図2－9に示すインダクタと抵抗が直列につながった回路がある。スイッチをオンした直後の回路方程式を立てなさい。

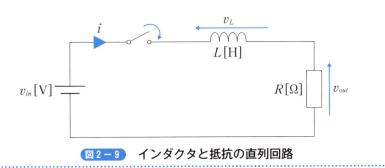

図2－9 インダクタと抵抗の直列回路

[解答]
　インダクタの電圧 $v_L(t)$ [V]、抵抗の電圧 $v_{out}(t)$ [V] と電圧源の電圧 v_{in} [V] との関係は、次式で表されます。

$$v_L(t) + v_{out}(t) = v_{in} \tag{2－12}$$

　よって、回路方程式は電流 $i(t)$ [A] を用いて、

$$L\frac{di(t)}{dt} + Ri(t) = v_{in} \tag{2－13}$$

と、1階の常微分方程式で表されます。電流の初期条件 $i(0)=0$ として微分方程式を解けば、電流の式が求まり、インダクタの電圧 $v_L(t)$ [V]、抵抗の電圧 $v_{out}(t)$ [V] も求めることができます[※注]。

答：式（2－13）

※注：この方程式の解法は、第8章の例題8－1で説明する。

2-4 変圧器

第1章の1-6節で紹介したスイッチングレギュレータは、図1-9で示したように非絶縁型と絶縁型に分けられます。この絶縁型スイッチングレギュレータにおいて、**変圧器**（transformer）が用いられます。一次側に電圧源が、二次側に抵抗が接続した変圧器を図2-10に示します。

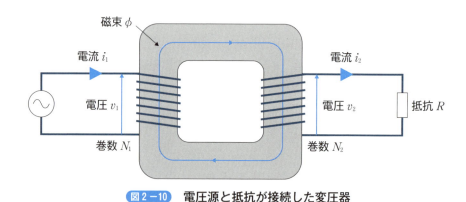

図2-10 電圧源と抵抗が接続した変圧器

変圧器は、巻数に比例して電圧を昇降圧できます。この関係を式で表すと、

$$\frac{N_1}{N_2} = \frac{v_1}{v_2} \qquad (2-14)$$

と表されます。図2-10を変圧器の回路記号で表すと図2-11となります。丸い黒点が変圧器の極性を表し、間の縦線が磁気結合する鉄心を表します。ここで、変圧器の損失がなく、式（2-14）が必ず成り立つ理想的な変圧器があるとします。この条件は、下記の3つの条件に言い換えることができます。

（1）励磁インダクタンスが無限大（鉄心の透磁率が無限大）
（2）漏れ磁束がない
（3）鉄損および銅損がない

上記の3条件を満たす変圧器を**理想変圧器**（ideal transformer）と呼びます。ここで、**鉄損**（iron loss）とは鉄心の損失のことです。鉄損は、渦電流損失とヒステリシス損失の和です。**銅損**（cupper loss）とは、巻線の抵抗成分による損失のことです。

第2章　電源回路における受動素子

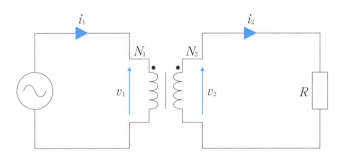

図2−11　変圧器の回路記号で表した回路図

[例題2−6]
　図2−11の回路について、変圧器が理想変圧器であるとする。
（1）二次側電圧 v_2 を、v_1、N_1、N_2 を用いて表しなさい。
（2）二次側電流 i_2 を、v_1、N_1、N_2、R を用いて表しなさい。
（3）一次側電流 i_1 を、v_1、N_1、N_2、R を用いて表しなさい。
（4）電流 i_1、i_2 の関係を N_1、N_2 を用いて表しなさい。

[解答]
　二次側電圧 v_2 は、式（2−14）より、

$$v_2 = \frac{N_2}{N_1} v_1 \qquad (2-15)$$

と表されます。次に、二次側電流 i_2 は、

$$i_2 = \frac{v_2}{R} = \frac{N_2}{RN_1} v_1 \qquad (2-16)$$

と表されます。一次側電圧 v_1 が正の時、二次側電流 i_2 は抵抗 R に向かって流れます。
　理想変圧器は、入出力の前後で損失がありません。そのため、一次側の入力電力と二次側の出力電力は同じとなり、

$$v_1 i_1 = v_2 i_2 \qquad (2-17)$$

となります。式（2−17）に式（2−15）、式（2−16）を代入して変形すると一次側電流 i_1 は、

$$i_1 = \frac{v_2 i_2}{v_1} = \frac{1}{R}\left(\frac{N_2}{N_1}\right)^2 v_1 \qquad (2-18)$$

と表されます。式（2−16）と式（2−18）を比較すると、一次側と二次側の電流には、

2-4 変圧器

$$N_1 i_1 = N_2 i_2 \quad (2-19)$$

の関係があります。これより変圧器の一次側の巻数と電流の積は、二次側の巻数と電流の積と等しくなります。これを等アンペアターンの法則（the law of equal ampere-turns）と呼びます。

答：(1)式（2-15）、(2)式（2-16）、(3)式（2-18）、(4)式（2-19）

[例題 2-7]
　理想変圧器に、下記の項目を順に追加して変圧器の等価モデルを表しなさい。
（1）励磁インダクタンス L_{m1} [H]（変圧器一次側）
（2）鉄損（鉄心のヒステリシス損と渦電流損の和）
（3）銅損（巻線抵抗による損失）
（4）漏れインダクタンス l_{a1}, l_{a2} [H]

[解答]
　理想変圧器は、励磁インダクタンスが無限大なのに対し、実際の変圧器は有限の励磁インダクタンスを持ちます。そこで、励磁インダクタンス L_{m1} を図2-12に示すように理想変圧器の一次側に並列に追加することで、有限の励磁インダクタンス持つ変圧器を表現できます。

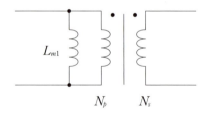

図2-12 励磁インダクタンスを加えた等価モデル

変圧器の巻数比（winding ratio）a を一次側の巻数 N_p と二次側の巻数 N_s を用いて、

$$a = \frac{N_p}{N_s} \quad (2-20)$$

と表すと、二次側から見た励磁インダクタンス L_{m2} [H] は、

$$L_{m2} = \frac{L_{m1}}{a^2} \quad (2-21)$$

と表され、二次側の励磁インダクタンスも有限の値を取ることになります。

次に、鉄損を入れたモデルを考えます。鉄損は、ヒステリシス損失と渦電流損失を合わせたものです。周波数が一定の場合、ヒステリシス損失と渦電流損失は電圧の2乗におよそ比例します。よって、この鉄損を抵抗で表し、励磁インダクタンスにさらに並列に接続することで、図2-13に示すように鉄損を考慮した変圧器のモデルを表すことができます。これより、変圧器の二次側が無負荷でも、電圧が印加されるだけで鉄損が生じることがわかります。

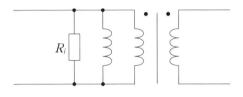

図2-13 鉄損を考慮した等価モデル

さらに、このモデルに銅損の影響を加えます。銅損は、変圧器の巻線抵抗による損失です。よって、一次側の巻線抵抗 r_1 [Ω]、二次側の巻線抵抗 r_2 [Ω] をそれぞれ等価直列抵抗として加えることで、図2-14に示すような銅損を考慮に入れた等価モデルが得られます。

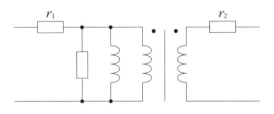

図2-14 銅損を考慮した等価モデル

最後に、漏れインダクタンスを加えます。一次側の漏れインダクタンス l_{a1} [H]、二次側の漏れインダクタンス l_{a2} [H] をそれぞれ巻線抵抗と直列に接続することで、図2-15に示すように漏れインダクタンスを加えた変圧器のモデルを得ることができます。

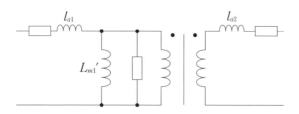

図 2 - 15 漏れインダクタンスを加えた等価モデル

図 2 - 15 のモデルにおいて、理想変圧器と並列に接続するインダクタンス L_{m1}' と、一次側の漏れインダクタンス l_{a1}、励磁インダクタンス L_{m1} との関係は次式で表されます。

$$L_{m1} = L_{m1}' + l_{a1} \qquad (2-22)$$

よって、理想変圧器と並列に接続するインダクタンスの値は漏れインダクタンス分減少します。

答：(1) 図 2 - 12、(2) 図 2 - 13、(3) 図 2 - 14、(4) 図 2 - 15

第3章
ダイオード整流回路

　本章では、ダイオードを用いて交流を直流に変換する整流回路を学びます。最初に、ダイオード1つで実現できる半波整流回路について説明します。次に、多くの電源回路で用いられている全波整流回路について説明します。その後、負荷側の電圧変動を低減するための平滑回路について説明し、最後に変圧器を用いた電圧の降圧について説明します。

3-1 半波整流回路

　家庭で使われる多くの電化製品は、コンセントの交流を機器内部で直流に変換しています。交流を直流に変換することを整流（rectification）と呼びます。最もシンプルな整流回路（rectifier）は図3－1に示すようにダイオード（diode）1つで作成可能です。この回路を半波整流回路（half wave rectifier）と呼びます。電圧源（voltage source）と負荷抵抗との間にダイオードDが直列接続されています。ここで、ダイオードは理想的であるとし、ダイオードの順方向電圧降下および内部抵抗を無視します。

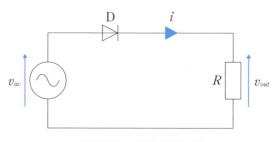

図3－1　半波整流回路

　入力電圧 v_{ac} の実効値（effective value）を V_{rms} [V] とした場合の半波整流回路における電圧・電流波形を図3－2に示します。正弦波の振幅は実効値の $\sqrt{2}$ 倍なので、$\sqrt{2}\,V_{rms}$ [V] となります。入力電圧が正のとき、電流が流れるため負荷電圧 v_{out} には電圧源と同じ電圧が印加されます。入力電圧が負のとき、ダイオードには逆電圧が印加され、回路に電流が流れません。よって、負荷電圧 v_{out} はゼロとなります。電流 i [A] は、負荷電圧 v_{out} [V] を抵抗 R [Ω] で割った値となり、振幅は $\sqrt{2}\,V_{rms}/R$ [A] となります。

　第1章で述べたように、交流は電流（または電圧）の符号が周期的に正負と入れ替わります。図3－2の半波整流回路の負荷電圧 v_{out} および電流 i は、正弦波の半周期のみ切り取ったような波形となり、符号は正またはゼロですので直流となっていることがわかります。

第3章　ダイオード整流回路

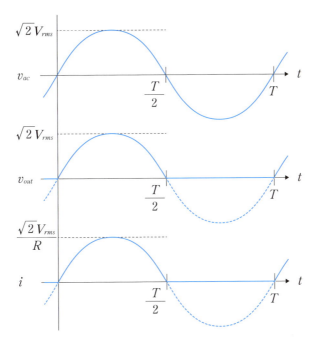

図3−2　半波整流回路の電圧・電流波形

> [例題3−1]
> 図3−1の半波整流回路において、入力電圧 v_{ac} の実効値が100 V、抵抗 R が10 Ωのとき、負荷電圧 v_{out} の実効値を求めなさい。また、このときの抵抗の消費電力を求めなさい。

[解答]

実効値は、Root Mean Square（RMS）と呼ばれるように、瞬時値の二乗（Square）を一周期 T [s] で平均し（Mean）、平方根（Root）をとったものです。よって、負荷電圧 v_{out} の実効値 V_{rms} は次式で表されます。

$$V_{rms} = \sqrt{\frac{1}{T}\int_0^T v_{out}^2 dt} = \sqrt{\frac{1}{T}\int_0^{T/2} (100\sqrt{2}\sin\omega t)^2 dt}\ [\text{V}] \quad (3-1)$$

ここで、各周波数 ω [rad/s] は、$\omega = 2\pi/T$ なので、$\theta = \omega t$ とおくと式（3−1）は、

$$V_{rms} = \sqrt{\frac{1}{2\pi}\int_0^\pi (100\sqrt{2}\sin\theta)^2 d\theta} = 100\sqrt{\frac{1}{2\pi}\int_0^\pi 1-\cos 2\theta\, d\theta}$$

41

3－1　半波整流回路

$$= 100 \sqrt{\frac{1}{2\pi} \left[\theta - \frac{1}{2} \sin 2\theta \right]_0^\pi} = \frac{100}{\sqrt{2}} = 50\sqrt{2} \ [\mathrm{V}] \qquad (3-2)$$

となります。よって、交流の実効値100 V の $1/\sqrt{2}$ です。

また、抵抗の消費電力 P は、実効値より次式で求められます。

$$P = \frac{V_{rms}^2}{R} = \frac{\left(50\sqrt{2} \right)^2}{10} = 500 \ [\mathrm{W}] \qquad (3-3)$$

答：電圧の実効値 $50\sqrt{2}$ V、消費電力 500 W

3−2 全波整流回路

電源回路でよく用いられる**全波整流回路**（full wave rectifier）を図3−3に示します。ダイオードを4つ使うことで、半波整流回路では半周期しか整流できませんでしたが、この回路では全周期での整流を可能としています。

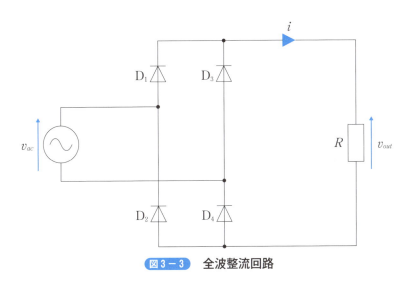

図3−3 全波整流回路

全波整流回路の整流の仕組みについて説明します。図3−4に入力電圧 v_{ac} が正のときと負のときの電流の経路を示します。破線のダイオードには逆方向に電圧が印加されているため、電流を流しません。このように、入力電圧 v_{ac} の符号に応じて、導通するダイオードが切り替わり、負荷には常に同方向に電流が流れます。このときのダイオードの働きは、一方向にしか電流を流さないように自動でオン・オフする機能を持ったスイッチとみなすことができます。

3-2 全波整流回路

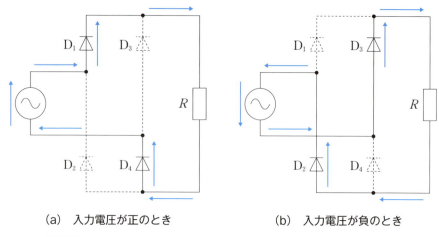

　　（a）　入力電圧が正のとき　　　　　　（b）　入力電圧が負のとき

図3-4 全波整流回路の電流経路（矢印は電流が流れている方向）

　図3-3の入力電圧 v_{ac} の実効値を V_{rms} [V] とした場合の全波整流回路における電圧・電流波形を図3-5に示します。全波整流回路では、入力電圧 v_{ac} が負のときも負荷電圧 v_{out} は正となっていることがわかります。半波整流回路と同様に、負荷電圧のピークは $\sqrt{2}\,V_{rms}$ [V] となります。

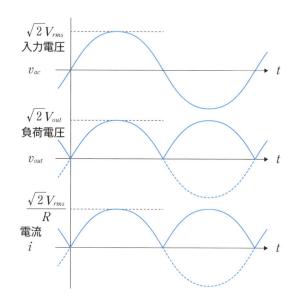

図3-5 全波整流回路の電圧・電流波形

第3章　ダイオード整流回路

［例題3－2］

図3－3の全波整流回路において、入力電圧 v_{ac} の実効値が100 V、抵抗 R が10 Ω のとき、負荷電圧 v_{out} の実効値を求めなさい。また、このときの抵抗の消費電力を求めなさい。

［解答］

例題3－1と同様に、負荷電圧の実効値は次式で表されます。

$$V_{rms} = \sqrt{\frac{1}{T} \int_0^T {v_{out}}^2 dt} = \sqrt{\frac{1}{T} \int_0^T (100\sqrt{2} \sin \omega t)^2 dt} \ [\mathrm{V}] \qquad （3－4）$$

ここで、各周波数 ω [rad/s] は、$\omega = 2\pi/T$ なので、$\theta = \omega t$ とおくと式（3－4）は、

$$V_{rms} = \sqrt{\frac{1}{2\pi} \int_0^{2\pi} (100\sqrt{2} \sin \theta)^2 d\theta} = 100\sqrt{\frac{1}{2\pi} \int_0^{2\pi} 1 - \cos 2\theta \ d\theta}$$

$$= 100\sqrt{\frac{1}{2\pi} \left[\theta - \frac{1}{2} \sin 2\theta \right]_0^{2\pi}} = 100 \ [\mathrm{V}] \qquad （3－5）$$

となります。よって、負荷電圧 v_{out} の実効値は100 V となり、入力電圧 v_{ac} の実効値と等しくなります。

このときの消費電力 P は、

$$P = \frac{{V_{rms}}^2}{R} = \frac{(100)^2}{10} = 1000 \ [\mathrm{W}] \qquad （3－6）$$

となり、半波整流回路の2倍となることがわかります。

答：電圧の実効値 100 V、消費電力 1000 W

45

3-3 平滑回路

半波整流回路、全波整流回路ともに、交流電圧源と負荷抵抗の間にダイオードを入れるだけで、交流を直流に変換できました。しかし、図3-2、図3-5に示したように、負荷電圧 v_{out}、負荷電流 i は正弦波の半周期を切り取った形状をしており、その値は常に変化しています。一方、電子回路など多くの負荷は、なるべく一定の直流電圧を必要とするため、負荷の電圧波形を滑らかにする必要があります。

図3-6に電源回路でよく使われている平滑回路（smoothing circuit）を示します。整流回路の直後に平滑キャパシタ（smoothing capacitor）C を接続した回路で、キャパシタインプット型整流回路（capacitor input type rectifier）と呼びます。

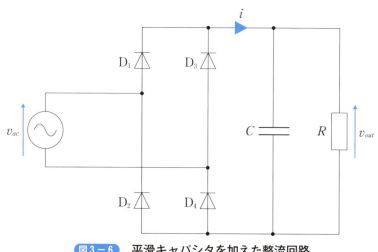

図3-6 平滑キャパシタを加えた整流回路

電圧源 v_{ac} の実効値を100 V、抵抗 R を100 Ω、平滑キャパシタ C を500 μFとした場合の平滑回路の電圧、電流波形を図3-7に示します。平滑キャパシタにより、負荷電圧 v_{out} が平滑化されていることがわかります。このときの負荷電圧 v_{out} の平均値は、約132 Vです。また、整流回路の後の電流 i が断続的に流れていることがわかります。

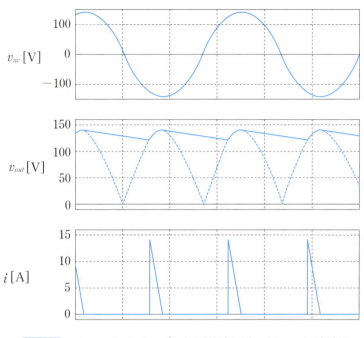

図3-7 キャパシタインプット型整流回路の電圧・電流波形

　キャパシタインプット型整流回路について、もう少し詳しく説明します。図3-8に入力電圧 v_{ac} が正のときにおける電流の経路を示します。入力電圧 v_{ac} が負荷電圧 v_{out} より低いとき（$v_{ac}<v_{out}$）、全てのダイオードに逆電圧がかかり、電流は流れません。その間、平滑キャパシタから負荷に電力が供給され、平滑キャパシタの電圧は徐々に下がります。入力電圧 v_{ac} が負荷電圧 v_{out} 以上となったとき（$v_{ac} \geq v_{out}$）、ダイオードを通じて平滑キャパシタと負荷抵抗に電力が供給され、平滑キャパシタの電圧が交流電圧の振幅である約141Vまで上昇します。その後、交流電圧 v_{ac} は負荷電圧 v_{out} より低くなり、ダイオードに電流が流れなくなります。交流電圧が負の期間についても、同様の動作となります。この負荷電圧の変動を脈動またはリプル（ripple）と呼びます。リプルとは、小さな波という意味です。

3-3 平滑回路

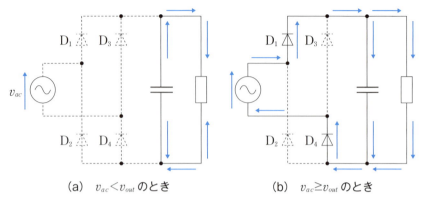

　　　　（a）$v_{ac} < v_{out}$ のとき　　　　　　（b）$v_{ac} \geq v_{out}$ のとき

図3-8　$v_{ac} > 0$ のときの電流の経路（矢印は電流が流れている方向）

[例題3-3]
　図3-6の全波整流回路において、負荷電圧をなるべく一定にするためには回路のどのパラメータを変更すればよいか。ただし、負荷抵抗 R は固定とする。

[解答]
　電圧リプルを小さくするためには、$v_{ac} < v_{out}$ の期間（図3-8（a）の状態）において、平滑キャパシタの電圧低下を抑える必要があります。第2章で述べたように、キャパシタンスを大きくすると蓄えられる電荷の量が多くなるため、負荷電流に対して電圧の変動が小さくなります。

　なお、図3-8（a）の回路において、キャパシタンス C [F] と抵抗 R [Ω] の値を掛けた値 CR を **時定数**（time constant）と呼びます。仮に入力電圧が突然ゼロとなり、図3-8（a）の状態のまま時間 CR [s] が経過したとすると、負荷電圧の値は、入力電圧がゼロとなったときの平滑キャパシタの電圧より約63.2％低くなります。よって、時定数 CR [s] の値を大きく取ることで、電圧が変化する時間を長くすることができ、電圧リプルを抑えることができます。

　　　　　　　　　　答：平滑キャパシタのキャパシタンスを大きくする。

3-4 変圧器を用いた降圧

平滑キャパシタを用いることで、交流100 Vを直流130 V程度に変換できることがわかりました。しかし、第1章で述べた携帯電話の充電器が5 V出力だったように、電子機器が必要とする電圧は、数ボルトから数十ボルトの間が一般的です。出力電圧 v_{out} をこのレベルに降圧する方法として、変圧器（トランス）を使って入力電圧を変圧させる方法があります。図3-9に理想変圧器を加えた整流回路の例を示します。

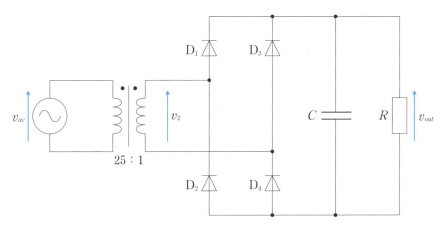

図3-9 25:1の変圧器を加えた整流回路

入力電圧 v_{ac} を100 Vとすると、図3-9の変圧器の巻数の比が25:1なので、変圧器二次側の電圧 v_2 の実効値は4 Vとなります。全波整流回路により負荷電圧 v_{out} には、最大約 $4\sqrt{2}$ V（≈5.66 V）の直流電圧が印加されます。このように、変圧器を用いることで負荷に5 Vレベルの直流電圧を供給できます。

しかし、負荷電圧は電圧リプルを含み、そのリプルは消費電力によって変わります。さらに、入力電圧 v_{ac} の変動に伴い、負荷電圧 v_{out} も変動してしまいます。そこで負荷に安定した電圧で電力供給するためには、図3-9の整流回路にリニアレギュレータまたはスイッチングレギュレータを加えます。これらの詳細は、次章以降で述べます。

3－4　変圧器を用いた降圧

[例題3－4]

　図3－9の回路において、入力電圧が100 Vから95 Vに変化した場合、負荷電圧 v_{out} の最大値を求めよ。ただし、変圧器やダイオードなどは、理想的であるとする。

[解答]

　変圧器二次側の電圧 v_2 の実効値は、$95/25 = 3.8$ [V] となります。その振幅は、$3.8\sqrt{2}$ V（≈ 5.37 V）であるので、これが直流電圧の最大値となります。よって、$4\sqrt{2}$ V から約5％電圧が低下することがわかります。

答：$3.8\sqrt{2}$　V

[例題3－5]

　例題3－4において、ダイオード D_1 から D_4 の順電圧降下を0.7 Vとしたとき、負荷電圧 v_{out} の最大値を求めなさい。

[解答]

　図3－9の全波整流回路に電流が流れると、ダイオード D_1 と D_4 または D_2 と D_3 が負荷 R に直列に接続されます。2つのダイオードによる順電圧降下は $0.7 \times 2 = 1.4$ [V] です。よって、例題3－4で求めた電圧から、さらに1.4 Vを引いた値が答えとなります。

答：$3.8\sqrt{2} - 1.4$ V

第4章
リニアレギュレータに使われる素子

　本章では、リニアレギュレータについて学ぶ前に、リニアレギュレータでよく使われる3種類の部品の説明をします。まず、基準電位として使うことの多いツェナーダイオードについて説明し、次に電流を増幅するためのトランジスタについて説明します。最後にトランジスタのベース電流の調整に用いられるオペアンプについて説明します。

4-1 ツェナーダイオード

　ツェナーダイオード（zener diode）の回路記号と、電圧と電流の特性を図4-1に示します。理想的なダイオードに負の電圧を印加した場合、電流は流れません。しかし、実際のダイオードは、図4-1のように、ある電圧 $-V_z$ に到達すると急激に電流が流れるようになります。このとき、ダイオードを流れる電流が増加しても電圧は $-V_z$ で大きく変化しません。この特性を積極的に利用したダイオードをツェナーダイオードと呼びます。また、電圧 V_z をツェナー電圧（zener voltage）と呼びます。

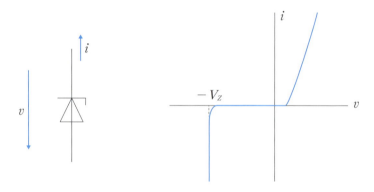

図4-1　ツェナーダイオードの回路記号と電圧と電流の特性

[例題4-1]

図4-2に示す回路において、ツェナーダイオードのツェナー電圧 V_Z を 12 V とし、抵抗 R_1 を 8 Ω、抵抗 R_2 を 12 Ω とする。ツェナーダイオードは理想的であり、ツェナー電圧より大きな値とはならず V_Z で一定であるとする。

(1) スイッチ S がオフのときの電圧 v と電流 i の値を求めなさい(電圧 v、電流 i の矢印の向きが図4-1と逆になっていることに注意)。

(2) スイッチ S がオンのときの電圧 v と電流 i を求めなさい。

(3) 抵抗 R_2 を小さくしていくと、ある値からツェナーダイオードに電流が流れなくなる。このときの抵抗 R_2 の値を求めなさい。

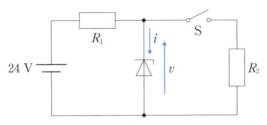

図4-2 ツェナーダイオードを用いた回路

[解答]

スイッチ S がオフのとき、v はダイオードのツェナー電圧 12 V となります。このとき、抵抗 R_1 にかかる電圧は 12 V なので、i は 1.5 A です。

スイッチ S がオンのときも、v はダイオードのツェナー電圧 12 V となります。抵抗 R_2 に流れる電流は 1 A ですので、ツェナーダイオードには電流 0.5 A が流れます。

R_2 の電圧がツェナー電圧以下であれば、ツェナーダイオードに電流は流れません。よって、R_2 の電圧がツェナー電圧 12 V となるときの抵抗値 8 Ω が求める値となります。

答:(1) 1.5 A、(2) 12 V、0.5 A、(3) 8 Ω

4-1 ツェナーダイオード

[例題 4-2]

例題 4-1の回路において、スイッチ S がオフ時とオン時のツェナーダイオードの消費電力をそれぞれ求めなさい。

[解答]

スイッチ S がオフのとき、ツェナーダイオードの消費電力 p_D は、

$$p_D = 12 \times 1.5 = 18 \quad [\text{W}] \tag{4-1}$$

となります。次に、スイッチ S がオンのときは、

$$p_D = 12 \times 0.5 = 6 \quad [\text{W}] \tag{4-2}$$

となり、並列接続した抵抗 R に電流が流れる分、消費電力が少なくなります。

<u>答：オフ時18 W、オン時 6 W</u>

54

4-2 トランジスタ

　トランジスタは電流を増幅する回路です。トランジスタの回路記号と、エミッタ接地におけるコレクタ―エミッタ間電圧とコレクタ電流の特性を図4－3に示します。

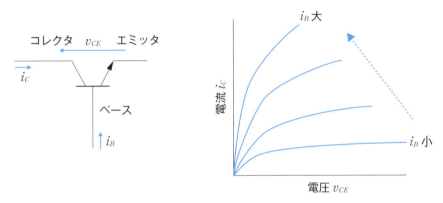

図4－3　トランジスタの回路記号と電圧 v_{CE} とコレクタ i_C の特性

　図4－3より、ベース電流 i_B が大きくなるにつれコレクタ電流 i_C も大きくなることがわかります。トランジスタのコレクタ電流 i_C とベース電流 i_B の関係は、**電流増幅率**（current gain）h_{FE} を用いて次式のようにベース電流 i_B に比例してコレクタ電流 i_C が増幅するとして表されます。

$$i_C = h_{FE} i_B \ [\mathrm{A}] \tag{4-3}$$

4−2 トランジスタ

[例題4−3]

図4−4に示すトランジスタを用いたエミッタ接地回路において、$h_{FE}=100$としたときのベース電流 i_B、コレクタ電流 i_C、コレクタ—エミッタ間電圧 v_{CE} を求めなさい。ただし、h_{FE} は一定とし、トランジスタのベース—エミッタ間の電圧降下は無視する。

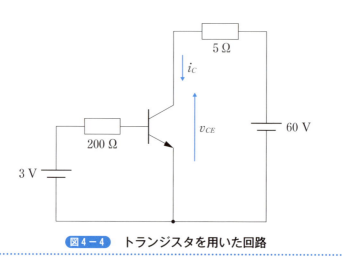

図4−4 トランジスタを用いた回路

[解答]

まず、ベース電流を求めます。トランジスタのベース—エミッタ間の電圧降下がゼロであるとして、$i_B=3/200=0.015$ [A] です。これより、コレクタ電流は $i_C=100\times0.015=1.5$ [A] となります。またコレクタ—エミッタ間電圧 v_{CE} は、$v_{CE}=60-1.5\times5=52.5$ [V] です。

この例題では、トランジスタのベース—エミッタ間の電圧降下を無視しましたが、実際はベース—エミッタ間には pn 接合による順方向電圧降下が生じます。

答：$i_B=0.015$ [A]、$i_C=1.5$ [A]、$v_{CE}=52.5$ [V]

[例題 4 − 4]

　図 4 − 5 に示すトランジスタを用いたエミッタ接地回路において、$h_{FE}=300$ とする。トランジスタのコレクターエミッタ間電圧 v_{CE} を 5 V にするためには、可変電圧源 v_B の値をいくらにすればよいか。また、そのときのトランジスタの消費電力 p_T を求めよ。ただし、h_{FE} は一定とし、トランジスタのベース − エミッタ間の電圧降下を 0.7 V とする。

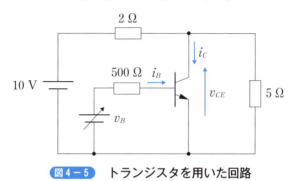

図 4 − 5　トランジスタを用いた回路

[解答]

　コレクターエミッタ間電圧 v_{CE} が 5 V のとき、トランジスタに並列の 5 Ω の抵抗には 1 A の電流が流れます。また、10 V の電圧源に直列に接続している 2 Ω の抵抗には、5 V が印加されるため 2.5 A が流れます。よって、コレクタ電流 i_C が 1.5 A となればよいわけです。このときのベース電流 i_B は、

$$i_B = 1.5 \div 300 = 0.005 \quad [\text{A}] \tag{4−4}$$

となるため、ベース − エミッタ間の電圧降下を考慮すると、可変電圧源 v_B は、

$$v_B = 0.005 \times 500 + 0.7 = 3.2 \quad [\text{V}] \tag{4−5}$$

と求められます。

このときのトランジスタの損失 p_T は、ベース電流による損失が十分小さいとして無視すると

$$p_T = 1.5 \times 5 = 7.5 \quad [\text{W}] \tag{4−6}$$

となります。

答：$v_B = 3.2$ [V]、$p_T = 7.5$ [W]

4-3 オペアンプ

　オペアンプ（演算増幅器）とは operational amplifier の略です。operation は演算という意味で、数学的な加算、減算、微分、積分などの演算機能を持たせることが可能な増幅器という意味になります。実際の演算は、オペアンプの周辺に抵抗やキャパシタを接続することで実現します。オペアンプの回路記号を図4－6に示します。

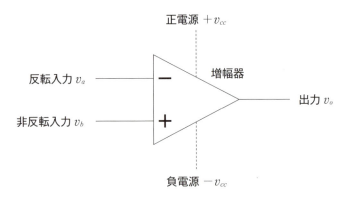

図4－6　オペアンプの回路記号

　一般に反転入力 v_a、非反転入力 v_b、増幅器および出力 v_o で構成されており、正と負の2つの電源（$+v_{cc}$、$-v_{cc}$）が必要です。オペアンプの増幅率を a とした場合、入出力の関係は次式で表されます。

$$v_o = a(v_b - v_a) \text{ [V]} \tag{4-7}$$

　理想的なオペアンプの特性は、①入力インピーダンス（input impedance）が無限大、②出力インピーダンス（output impedance）がゼロ、③増幅率 a が無限大、④周波数帯域無限大、です。実際のオペアンプは、上記の理想に近づけるように作られています。また、出力 v_o の上限・下限は、それぞれ電源電圧 $+v_{cc}$、$-v_{cc}$ で制限されます。

第4章　リニアレギュレータに使われる素子

[例題4－5]
　図4－7に示すオペアンプを用いた回路において、出力電圧v_oを求めなさい。ただし、オペアンプは理想的であるとする。

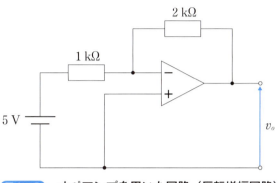

図4－7　オペアンプを用いた回路（反転増幅回路）

[解答]
　オペアンプの出力が一定の値となるとき、オペアンプの反転入力と非反転入力の電圧は同じとなっています。回路において非反転入力の電圧が0 Vなので、反転入力を同じ0 Vであるとすると、1 kΩの抵抗には5 Vの電圧がかかるので、5/1000＝0.005 [A]の電流が電圧源からオペアンプに向かって流れます。オペアンプの入力インピーダンスは無限大なので、この電流はオペアンプに流れ込まず、2 kΩの抵抗を通じて、オペアンプの出力端子に流れ込みます。よって、出力電圧v_oは－0.005×2000＝－10 [V]となります。
　このように、入力端子の電位が同じと仮定することを**仮想短絡**（imaginary short）と呼びます。また、図4－7の回路は入力電圧に対して大きさが2倍で符号が逆の出力となることがわかります。さらに、この回路の抵抗値を調節することによって、倍率も変化させることができます。この回路を**反転増幅回路**（inverting amplifier）と呼びます。

答：－10 V

4-3 オペアンプ

[例題4－6]

図4－8に示すオペアンプを用いた回路において、
(1) 出力電圧 v_o を求めなさい。
(2) この回路からオペアンプを取り除いて、非反転入力と出力を接続した場合の出力電圧 v_o を求めなさい。

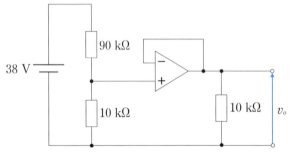

図4－8 オペアンプを用いた回路（ボルテージフォロア）

[解答]

38 Vの電圧源の電圧は、90 kΩ と10 kΩ によって抵抗分圧され、3.8 Vの電圧が非反転入力に印加されます。仮想短絡において、この電圧と反転入力の電圧が同じ電圧となるためには、出力の電圧が3.8 Vであればよく、出力電圧 v_o は3.8 Vとなります。このように、非反転入力の電圧をそのまま出力する回路を<u>ボルテージフォロア</u>（voltage follower）と呼びます。

次に、図4－8からオペアンプを除いて、非反転入力と出力を接続した場合、オペアンプ非反転入力側にある10 kΩ と、出力側の10 kΩ が並列接続され、合成抵抗は5 kΩ となります。よって、38 Vの電圧源の電圧は90 kΩ と5 kΩ によって抵抗分圧され、出力電圧 v_o は2 Vとなります。このように、抵抗分圧した線をそのままICなどに接続すると、そのICの入力インピーダンスの影響を受けて、抵抗分圧した値と異なる電圧が出力されることがあります。このような場合に、ボルテージフォロアを加えることで、入力インピーダンスや回路の寄生容量などの影響を避けることができ、抵抗分圧した値を得ることができます。

答：(1) 3.8 V、(2) 2 V

第5章

シャント
レギュレータ

　本章では、リニアレギュレータの一方式であるシャントレギュレータについて説明します。まず、シャントレギュレータの原理について説明します。次に、ツェナーダイオードを用いた場合の動作を説明します。最後に、トランジスタを用いた場合の動作を説明します。

5-1 シャントレギュレータの原理

　第1章の1-5節でリニアレギュレータの一方式であるシリーズレギュレータを用いて動作を簡単に説明しました。この節では、リニアレギュレータのもう1つの方式であるシャントレギュレータ (shunt regulator) について説明します。可変抵抗を用いたシャントレギュレータを図5-1に示します。入力電圧源 v_{in} と負荷抵抗 R_{out} の間に直列抵抗 R_s と可変抵抗 R_v が並列に接続されています。

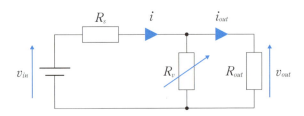

図5-1 可変抵抗を用いたシャントレギュレータ

　レギュレータは、負荷抵抗 R_{out} の値が変化しても出力電圧 v_{out} を一定に保つ必要があります。シャントレギュレータは、この出力電圧 v_{out} を一定に保つために、並列に接続した可変抵抗 R_v の値を変更して電圧を調整します。具体的には、電圧源から直列抵抗 R_s を通じて流れる電流 i の一部を可変抵抗に流すことで負荷電流 i_{out} を調整し、出力電圧 v_{out} を一定にしています。英語の shunt とは、「他方へ流す」という意味があります。

　それでは、負荷電圧 v_{out} の式を導出してみましょう。まず、R_s を流れる電流 i は、次式で表されます。

$$i = v_{in} \bigg/ \left(R_s + \frac{R_v R_{out}}{R_v + R_{out}} \right) \qquad (5-1)$$

　この電流の一部が負荷抵抗 R_{out} を流れます。負荷電流を i_{out} とすると、分流の法則から、

$$i_{out} = \frac{R_v}{R_v + R_{out}} i \qquad (5-2)$$

と表されます。よって、負荷電圧 v_{out} は

$$v_{out} = R_{out} \left(\frac{R_v}{R_v + R_{out}} i \right) = v_{in} \bigg/ \left(R_s \frac{R_v + R_{out}}{R_v R_{out}} + 1 \right)$$

$$= \frac{v_{in}\,R_v\,R_{out}}{R_v\,R_{out}+R_v\,R_s+R_s\,R_{out}} \tag{5-3}$$

と表され、入力電圧 v_{in} や負荷抵抗 R_{out} が変化した場合にも、R_v を調整することで負荷電圧 v_{out} を一定に保つことができます。

［例題5－1］

　図5－1において、入力電圧 $v_{in}=10$ [V]、負荷抵抗 $R_{out}=50$ [Ω]、直列抵抗 $R_s=10$ [Ω] としたとき、次の問題に答えなさい。

⑴　負荷電圧 v_{out} を5Vにするためには、可変抵抗 R_v を何オームに調整すればよいか。

⑵　入力電圧 v_{in} が8V、負荷抵抗 R_{out} が20Ωに変化した場合、負荷電圧 v_{out} を5Vに保つためには、可変抵抗 R_v を何オームに調整すればよいか。

［解答］

　式（5－3）を変形すると、

$$R_v = \frac{v_{out}\,R_{out}\,R_s}{v_{in}\,R_{out}-v_{out}\,R_{out}-v_{out}\,R_s} \tag{5-4}$$

と表されます。この式に値を代入すると、$R_v=2500/200=12.5$ [Ω] となります。

　次に、入力電圧、負荷抵抗が変化した場合についても、式（5－4）に代入して $R_v=1000/10=100$ [Ω] が得られます。このように、入力電圧や負荷抵抗の変化にあわせて、可変抵抗を調整することにより負荷電圧を一定にすることができます。

答：⑴　12.5 Ω、⑵　100 Ω

　シャントレギュレータは、負荷および可変抵抗の間に直列抵抗が必ず入ります。このため、負荷の消費電力が大きくなると、直列抵抗での電力消費も大きくなり、シリーズレギュレータに比べて効率が低くなります[注]。加えて、無負荷でも直列抵抗および可変抵抗に電流が流れ続けるため損失が生じます。一方、利点としては、負荷が故障などにより短絡した場合、直列抵抗により電流が制限されるため、シリーズレギュレータと比較して短絡電流を低く抑えられることが挙げられます。

注：シリーズレギュレータについては、次章（第6章）で新しく述べる。

[例題 5 − 2]

　図 5 − 2 に示すシャントレギュレータが、出力電圧 v_{out} = 4 [V] となるように動作しているとする。このとき、次の問題に答えなさい。
（1）無負荷時のシャントレギュレータ全体の損失を求めよ。
（2）出力を短絡させた場合の短絡電流とシャントレギュレータ全体の損失を求めよ。

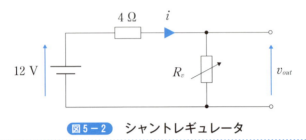

図 5 − 2　シャントレギュレータ

[解答]

　出力電圧が 4 V なので、抵抗 4 Ω に印加される電圧は 8 V です。よって、電流 i は、2 A となり、レギュレータ全体の損失は電源からの入力電力と等しくなるので、

$$12 \times 2 = 24 \quad [W] \qquad (5-5)$$

と求められます。次に、出力を短絡すると、抵抗 4 Ω に入力電圧 12 V が印加されるため、電流 i は 3 A となります。この時のレギュレータ全体の損失も同様に、

$$12 \times 3 = 36 \quad [W] \qquad (5-6)$$

と求められます。

[答]（1）24 W、（2）短絡電流 3 A、全体の損失 36 W

5-2 ツェナーダイオードを用いた回路

　前節では、可変抵抗 R_v を使ってシャントレギュレータの原理を説明しました。しかし、負荷抵抗の変化にあわせて実際に可変抵抗を機械的に調整する訳にはいきません。そこで、可変抵抗の代わりにツェナーダイオード D_z を用います。図5－3に回路を示します。

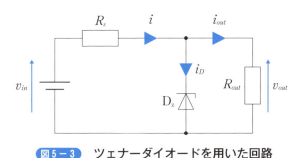

図5－3　ツェナーダイオードを用いた回路

　図5－1の可変抵抗 R_v がツェナーダイオード D_z に置き換わっています。第4章の4－1節で説明したツェナーダイオードの動作により、ツェナーダイオードに電流 i_D が流れると負荷電圧 v_{out} はツェナー電圧と等しくなります。負荷抵抗 R_{out} が変化しても、負荷電圧 v_{out} はツェナー電圧に保たれます。このとき、負荷抵抗 R_{out} の変化に対応してツェナーダイオードに流れる電流 i_D が変化しています。よって、ツェナーダイオードを抵抗 R_D に見立てると、その等価的な抵抗 R_D は、

$$R_D = \frac{v_{out}}{i_D} \quad (5-7)$$

となります。このように、ツェナーダイオードが前節の可変抵抗の役割を果たします。

　シャントレギュレータが動作するためには、ツェナーダイオードに電流 i_D が流れる必要があります。負荷の消費電力が大きいと電流 i が全て i_{out} に流れてしまい、出力電圧 v_{out} は一定に保てなくなるので、負荷の消費電力には上限があります。

● 5-2　ツェナーダイオードを用いた回路

[例題 5 - 3]

　図 5 - 3 に示す回路において、ツェナーダイオードのツェナー電圧を 5 V とし、入力電圧 $v_{in}=10$ [V]、負荷抵抗 $R_{out}=50$ [Ω]、直列抵抗 $R_s=10$ [Ω] とする。ツェナーダイオードは理想的であり、ツェナー電圧以上となった場合にその値で一定になるとする。

(1)　負荷電圧 v_{out} とツェナーダイオードに流れる電流 i_D の値を求めよ。

(2)　ツェナーダイオードの電圧と電流から等価抵抗値 R_D を求めよ。また、例題 5 - 1 （1）の可変抵抗と比較しなさい。

(3)　負荷抵抗がある値より小さくなると、ツェナーダイオードに電流が流れなくなり、負荷電圧が 5 V 以下となる。負荷電圧が 5 V となる負荷抵抗 R_{out} の最小値を求めよ。

[解答]

　ツェナー電圧が 5 V のため、出力電圧 v_{out} は 5 V となります。R_s にかかる電圧は、$10-5=5$ [V] より、R_s を流れる電流は0.5 A となります。負荷抵抗 R_{out} に流れる電流は、5 [V]/50 [Ω]＝0.1 [A] なので、ツェナーダイオードに流れる電流は、$0.5-0.1=0.4$ [A] です。

　ツェナーダイオードの等価抵抗値は、$R_D=5$ [V]/0.4 [A]＝12.5 [Ω] となり、例題 5 - 1 （1）と同じ値となります。

　また、R_s を流れる電流は0.5 A なので、この電流が全て負荷抵抗に流れるときの負荷抵抗 R_{out} の値が最小値となります。よって、$R_{out}=5$ [V]/0.5 [A]＝10 [Ω] より、負荷抵抗 R_{out} の最小値は10 Ω です。ちなみに、このときの負荷の消費電力は2.5 W であり、それ以上の消費電力では負荷電圧が 5 V に保てなくなります。

　　　答：(1)　$v_{out}=5$ [V]、$i_D=0.4$ [A]、(2)　$R_D=12.5$ [Ω]、(3)　$R_{out}=10$ [Ω]

66

[例題 5－4]

図5－4に示すシャントレギュレータの仕様が、入力電圧 8～10 V、出力電圧 5 V、最大出力電流 0.5 A であるとする。また、無負荷時の損失は 10 W 未満である。この仕様を満たすための抵抗 R_s の値の範囲を求めよ。

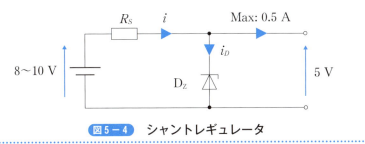

図5－4 シャントレギュレータ

[解答]

入力電圧が最も低い 8 V となっても、負荷に 0.5 A を供給するためには、

$$R_s < (8-5)/0.5 = 6 \quad [\Omega] \tag{5－8}$$

より、抵抗 R_s は 6 Ω よりも小さい必要があります。また、入力電圧が最も高い 10 V となっても、無負荷時の損失が 10 W 未満であるためには、電流 i が 1 A より小さい必要があるので、

$$R_s > (10-5)/1 = 5 \quad [\Omega] \tag{5－9}$$

より、抵抗 R_s は 5 Ω よりも大きい必要があります。

答：$5 < R_s < 6 \ [\Omega]$

5-3 トランジスタを用いた回路

　例題 5 − 3 で述べたように、シャントレギュレータが供給できる最大の電力は、直列抵抗 R_s の値で制限されてしまいます。この抵抗値を下げれば、負荷に供給できる電力が大きくなるのですが、無負荷のときのツェナーダイオードの消費電力が大きくなってしまいます。また、市販のツェナーダイオードの許容損失は数百 mW より小さいものが多いため、直列抵抗 R_s には下限値があります。この問題を解決するため、ツェナーダイオードの役割をオペアンプとトランジスタで置き換えます。図 5 − 5 にトランジスタを用いた回路を示します。

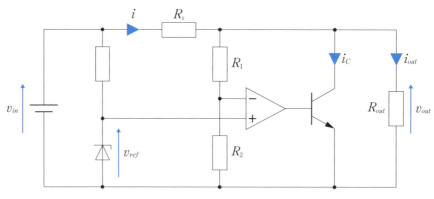

図 5 − 5　トランジスタを用いた回路

　この回路では、ツェナーダイオードを用いて基準電圧 v_{ref} を作成しています。この電圧と、出力電圧を抵抗 R_1 と R_2 で分圧した電圧が等しくなるようにオペアンプがトランジスタのベース電流を出力し、コレクタ電流 i_C を調整します。これにより、トランジスタが図 5 − 1 の可変抵抗の役割を担い、出力電圧 v_{out} が一定に保たれます。このようにツェナーダイオードより許容損失が大きいトランジスタを使うことによって、R_s の値を小さくすることができます。

第5章　シャントレギュレータ

[例題5−5]

図5−5に示す回路において、ツェナーダイオードのツェナー電圧を3Vとし、入力電圧 v_{in}＝10 [V]、負荷抵抗 R_{out}＝50 [Ω]、直列抵抗 R_s＝10 [Ω]、分圧抵抗 R_1＝2 [kΩ]、R_2＝3 [kΩ] とする。ツェナーダイオードを流れる電流と分圧抵抗 R_1、R_2 を流れる電流は十分小さく無視できるとする。

(1)　出力電圧 v_{out} を求めよ。

(2)　直列抵抗 R_s、トランジスタ、負荷抵抗 R_{out} における消費電力を求めよ。

(3)　直列抵抗 R_s を5Ωに変更した。そのときの直列抵抗 R_s、トランジスタにおける消費電力を求めよ。

[解答]

ツェナー電圧が3Vなので、仮想短絡より定常状態ではオペアンプの反転入力の電圧も3Vとなります。出力電圧を R_1、R_2 で分圧した値が3Vであるので、逆算すると出力電圧は、5Vとなります。

次に、各素子の消費電力を求めます。負荷抵抗 R_{out} の消費電力は、v_{out}^2/R_{out}＝0.5 [W] です。直列抵抗 R_s の消費電力は、$(v_{in}-v_{out})^2/R_s$＝2.5 [W] です。分圧抵抗を流れる電流を無視すると、i_C＝$i-i_{out}$＝0.5−0.1＝0.4 [A] より、トランジスタの消費電力は、$v_{out}\times i_C$＝2 [W] となります。

直列抵抗 R_s を5Ωに変更した場合、直列抵抗 R_s の消費電力は、$(v_{in}-v_{out})^2/R_s$＝5 [W] です。また、i_C＝$i-i_{out}$＝1−0.1＝0.9 [A] よりトランジスタの消費電力は、$v_{out}\times i_C$＝4.5 [W] となります。

直列抵抗 R_s を下げると、負荷に供給できる電力を大きくすることができますが、直列抵抗 R_s とトランジスタにおける損失も大きくなってしまいます。

答：(1)　5V、

(2)　直列抵抗 R_s 2.5 W、トランジスタ　2 W、負荷抵抗 R_{out} 0.5 W、

(3)　直列抵抗 R_s　5 W、トランジスタ　4.5W

シャントレギュレータを作成する場合、シャントレギュレータ IC を用いることが多いです。図5−6に、シャントレギュレータ IC の構成を示します。シャントレギュレータ IC の内部の基準電圧の生成には、バンドギャップリファレンス回路（band-gap reference circuit）が用いられます。

69

5-3 トランジスタを用いた回路

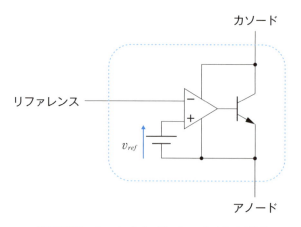

図5-6 シャントレギュレータ IC の構成

> [例題5-6]
> シャントレギュレータ IC を用いて、一定の電流を吸い込む定電流負荷を作成せよ。

[解答]
　一定の電流を流す回路を図5-7に示します。v_{cc} は外部から供給する電圧です。このように接続することによって、トランジスタのコレクタ電流 i_C は、

$$i_C = v_{ref}/R_s \quad [\text{A}] \tag{5-10}$$

となります。

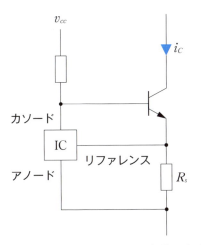

図5−7 シャントレギュレータICを使った定電流回路

答：図5−7

第6章

シリーズ
レギュレータ

　本章では、シリーズレギュレータについて説明します。まず、トランジスタを用いたシリーズレギュレータについて説明します。次に、シリーズレギュレータの機能を1つのパッケージ収めた三端子レギュレータについて説明します。最後に、コンセントから所望の直流電圧に変換する AC アダプタについて説明します。

6-1 トランジスタを用いた回路

シリーズレギュレータの原理について、第1章の1-5節で可変抵抗を用いて説明しました。実際のシリーズレギュレータでは、可変抵抗の代わりにトランジスタを用います。npn型バイポーラトランジスタを用いたシリーズレギュレータの回路を図6-1に示します。

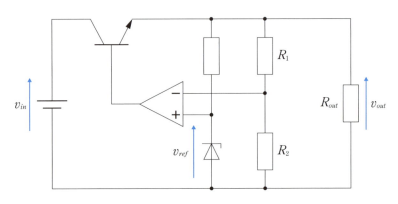

図6-1 トランジスタを用いた回路

抵抗R_1、R_2によって分圧された電圧が、基準電圧v_{ref}と等しくなるようにオペアンプがトランジスタのベース電流を調整します。これにより、トランジスタが可変抵抗と等価な動作をします。

シリーズレギュレータは、無負荷時のトランジスタの消費電力がシャントレギュレータと比較して非常に小さくなります。一方、負荷短絡に対しては、シャントレギュレータと異なり、トランジスタに過大な電流が流れてしまいます。

[例題6-1]
図6-1に示す回路において、基準電圧を3Vとし、入力電圧$v_{in} = 10$[V]、分圧抵抗$R_1 = 2$[kΩ]、$R_2 = 3$[kΩ]とする。出力電圧v_{out}を求めなさい。

[解答]
基準電圧が3Vであるので、仮想短絡よりオペアンプの反転入力の電圧も3V

です。出力電圧を R_1、R_2で分圧した値が3Vですので、逆算すると出力電圧は、5Vとなります。

答：5V

[例題6－2]
　大きい電流が必要な場合は、バイポーラトランジスタの電流増幅率を高くするために、図6－2に示すダーリントン接続したトランジスタ（Darlington transistor）が用いられます。この回路において、トランジスタT_1とトランジスタT_2の電流増幅率をそれぞれh_{FE1}、h_{FE2}とした場合、ダーリントントランジスタ全体の電流増幅率h_{FE3}を求めなさい。

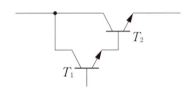

図6－2　ダーリントン接続

[解答]
　ダーリントントランジスタ全体の電流増幅率h_{FE3}は、2つのトランジスタの電流増幅率の積で表すことができ、

$$h_{FE3} = h_{FE1} \times h_{FE2} \quad (6-1)$$

となります。

答：式（6－1）

6-1 トランジスタを用いた回路

[例題6－3]

　図6－3に示すダーリントン接続したバイポーラトランジスタについて、T_2のトランジスタのベース－エミッタ間の電圧降下をv_{BE2} [V] とし、T_1のトランジスタのコレクタ－エミッタ間の電圧降下をv_{CE1} [V] とする。このとき、ダーリントントランジスタ全体の電圧降下v_{CE3} [V] を求めよ。

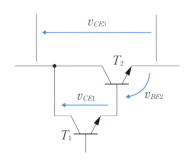

図6－3　ダーリントン接続による電圧降下

[解答]

　ダーリントントランジスタ全体の電圧降下v_{CE3}は、図より、

$$v_{CE3} = v_{CE1} + v_{BE2} \quad [\text{V}] \tag{6-2}$$

となります。T_2のv_{BE2}は、ベース－エミッタ間のpn接合により0.7 V程度の順電圧降下があります。これにT_1のv_{CE1}が加わり、その電圧はT_1のベース－エミッタ間のpn接合による0.7 V程度の順電圧降下より大きな値となります。そのため、ダーリントントランジスタはコレクタ－エミッタ間電圧v_{CE3}がおよそ1.4 V以上必要になります。

答：式（6－2）

6-2 三端子レギュレータ

　シリーズレギュレータは、トランジスタ、オペアンプ、分圧抵抗、基準電圧などで構成されますが、実際に回路を作成する場合は、これらの素子があらかじめ1つのパッケージになった三端子レギュレータ（3-terminal regulator）を一般に用います。図6－4に三端子レギュレータの外観を示します。その名の通り、3つの端子（左からIN、GND、OUT）がパッケージから出ています。図6－4の左側の素子は、上側に穴が空いています。これは、放熱板（放熱フィン）をネジで取り付けられるようにするためです。また、図6－4の右側の素子は表面実装用の三端子レギュレータで、背面の金属部分が中央の端子と導通してます。この金属部分を基板にはんだ付けされることにより、電気的に導通するだけでなく基板へ放熱をする役割も持っています。

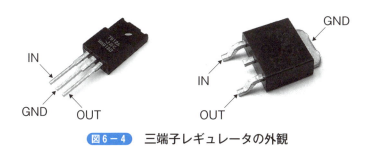

図6－4　三端子レギュレータの外観

　三端子レギュレータを用いた回路を図6－5に示します。三端子レギュレータの入力と出力にはキャパシタを接続します。これは、出力電圧を安定化させるためと三端子レギュレータの発振を防ぐためです。また、三端子レギュレータの入力端子と出力端子の間にはダイオードが接続しています。これは、入力電圧に対して出力電圧が大きくなった場合に、ダイオードを通じて出力側から入力側へ電流を流すことにより、三端子レギュレータの破損を防ぐ役割を持っています。

● 6-2 三端子レギュレータ

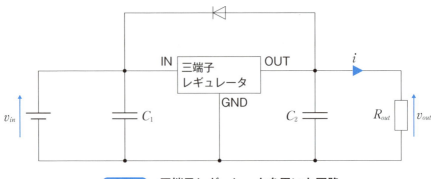

図6-5 三端子レギュレータを用いた回路

例題6-2で述べたダーリントン接続を用いて三端子レギュレータを作成する場合、例題6-3のように入力電圧と出力電圧との間に少なくとも1.4 Vの電圧が生じてしまいます。この損失を減らすため、入力電圧と出力電圧の差が小さくても動作する**LDOレギュレータ**（Low-dropout regulator）が開発されています。

[例題6-4]
　図6-5において、三端子レギュレータの出力電圧が5 Vであるとします。入力電圧 v_{in} が24 V、負荷抵抗 R_{out} が500 Ωのとき、以下の問題に答えなさい。
(1) 三端子レギュレータの消費電力を求めなさい
(2) この三端子レギュレータが出力電圧可変タイプであるとします。2つの抵抗を加えて出力電圧を12 Vにしたい場合、どのような回路に変更すればよいか。

[解答]
　負荷に流れる電流 i は、5 [V]/500 [Ω]＝0.01 [A] であるので、三端子レギュレータのIN-OUT端子間にも同じ電流が流れます。また、三端子レギュレータのIN-OUT端子間の電圧は、24 [V]－5 [V]＝19 [V] であるので、三端子レギュレータの消費電力は19 [V]×0.01 [A]＝0.19 [W] となります。

　出力電圧 v_{out} を12 Vにするための回路例を図6-6に示します。抵抗を用いて出力電圧を分圧し、v_{out}＝12 [V] のときに分圧した上側の電圧 v_G が5 Vとなるように抵抗値を選定します。

78

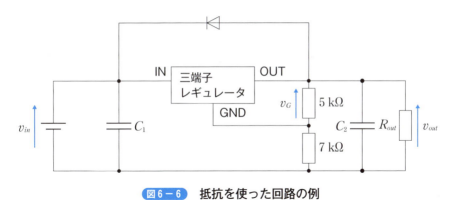

図6−6 抵抗を使った回路の例

答：(1) 0.19 W、(2) 図6−6

6-3 ACアダプタ

　第1章で述べたように、家電や電子機器の多くは直流の電力を必要とします。コンセントは交流ですので、これらの機器に電力を供給するために直流に変換する必要があります。例として、携帯電話やノートパソコンなどの充電器が挙げられ、これらは ACアダプタ（AC adapter）とも呼ばれます。ACアダプタの外観を図6－7に示します。

図6－7　ACアダプタの外観

　これまでに学んだ変圧器と全波整流回路、リニアレギュレータを組み合わせることで簡単なACアダプタを実現できます。この回路構成を図6－8に示します。まず、コンセントの交流電圧を、変圧器で降圧します。次に、第3章で述べた全波整流回路を用いて直流に変換します。その後、平滑キャパシタとシリーズレギュレータを用いて、必要な直流電圧に調整して電力を供給します。1980年代までは、このシリーズレギュレータを用いたACアダプタがよく用いられてき

ましたが、現在はスイッチングレギュレータを用いた回路が一般的です。理由として、シリーズレギュレータの効率が低いことに加えて、コンセントの周波数が50 Hzまたは60 Hzであるため、変圧器のサイズが大きく重量が重くなってしまうことがあげられます。

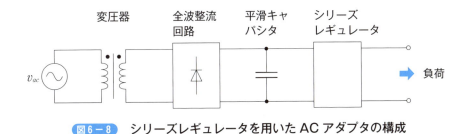

図6−8 シリーズレギュレータを用いたACアダプタの構成

[例題6−5]
　ACアダプタに図6−9に示す整流回路を用いた場合を考える。
(1) 交流電圧の実効値を v_{ac} [V] とし、スイッチSがオフの場合の直流電圧 v_{dc} [V] を求めなさい。
(2) スイッチSがオンの場合の直流電圧を求めなさい。

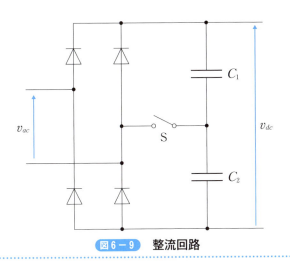

図6−9 整流回路

6-3 ACアダプタ

[解答]

　スイッチがオフの場合、この回路は第3章で述べた全波整流回路と同じ回路となります。ダイオードなどの電圧降下を無視すると、入力電圧の振幅が直流電圧の最大値となります。

$$v_{dc} = \sqrt{2}\, v_{ac}\ [\mathrm{V}] \tag{6-3}$$

　次に、スイッチがオンの場合について考えます。図6-10にスイッチSがオンの場合の電流経路を示します。入力電圧 v_{ac} が正のとき、キャパシタ C_1 を経由した半波整流回路となることがわかります。同様に、入力電圧が負のときはキャパシタ C_2 を経由した半波整流回路となります。半波整流回路においても、直流電圧の最大値は入力電圧の振幅となります。よって、キャパシタ C_1、C_2 の直流電圧は、それぞれ式 (6-3) と同じ値となり、これらが直列に接続しているため、直流電圧の最大値は全波整流回路の2倍となります。この整流回路は、一般に**倍電圧整流回路**（voltage doubler rectifier）と呼ばれます。

$$V_{dc} = 2\sqrt{2}\, v_{ac}\ [\mathrm{V}] \tag{6-4}$$

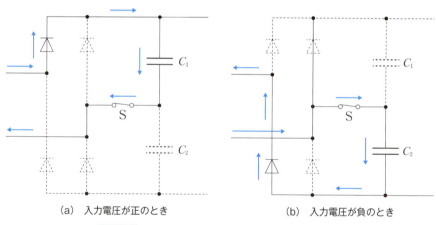

　　(a) 入力電圧が正のとき　　　　　　(b) 入力電圧が負のとき

図6-10　スイッチSがオンの場合の電流経路

答：(1) $\sqrt{2}\, v_{ac}\,[\mathrm{V}]$、(2) $2\sqrt{2}\, v_{ac}\,[\mathrm{V}]$

第7章
スイッチング
レギュレータの概要

　前章まで説明したリニアレギュレータは、トランジスタに可変抵抗の役割を持たせることで出力電圧を安定にしていました。本章では、リニアレギュレータより効率の高いスイッチングレギュレータについて説明します。まずスイッチングレギュレータの原理を簡単に説明します。次にスイッチングレギュレータの種類について述べます。最後にスイッチに用いる半導体デバイスを紹介します。

7-1 スイッチングレギュレータの原理

スイッチングレギュレータ（switching regulator）は、スイッチを周期的にオン・オフすることにより出力電圧を調整します。スイッチングレギュレータは第1章の1-6節で簡単に紹介しましたが、その原理について本章でもう少し詳しく説明します。図7-1は、図1-11で示した回路です。入力電圧源 v_{in} と負荷抵抗 R の間にスイッチ S が直列に接続されています。

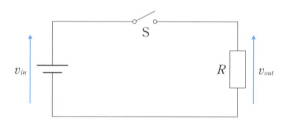

図7-1 抵抗とスイッチのみのスイッチングレギュレータ

このスイッチ S を一定の間隔でオン・オフすることにより、負荷電圧 v_{out} は図7-2のような波形となります。この形状の波形を、方形波または矩形波と呼びます。

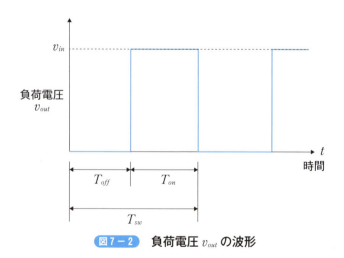

図7-2 負荷電圧 v_{out} の波形

第7章　スイッチングレギュレータの概要

　ここで、イメージしやすいように負荷 R を豆電球とします。例えば、スイッチをオン・オフする全体の周期 T_{sw} を10秒とし、スイッチをオフする時間 T_{off} とオンする時間 T_{on} をそれぞれ 5 秒とします。このとき、豆電球は 5 秒毎に点灯したり消えたりします。このオン・オフする全体の周期 T_{sw} [s] をスイッチング周期と呼び、T_{on} [s] をオン時間、T_{off} [s] をオフ時間、と呼びます。また、スイッチング周波数 f_{sw} [Hz] を、次式で表します。

$$f_{sw} = 1 / T_{sw} \quad [\text{Hz}] \tag{7-1}$$

よって、スイッチング周期 T_{sw} が10秒の場合、スイッチング周波数 f_{sw} は0.1 Hz となります。また、スイッチング周期 T_{sw} に対するオン時間 T_{on} の割合 d を通流率またはデューティ（duty cycle）と呼び、次式で表します。

$$d = T_{on} / T_{sw} \tag{7-2}$$

スイッチング周期10秒、オン時間 5 秒の場合、デューティ d は0.5となります。このデューティを0.5に保ったまま、スイッチング周波数 f_{sw} を高くしていくとどうなるでしょう。スイッチング周波数を 1 Hz にすれば、0.5 s 毎に豆電球が点滅します。さらにスイッチング周波数を高くして100 Hz にすると、豆電球は 5 ms 毎に点滅します。これだけ点滅の時間が短いと人間の目には豆電球が連続して点灯しているように映ります。このとき、デューティ d を0.5から0.8に増やせば、豆電球はより明るくなり、0.5から0.2に減らせば、豆電球はより暗くなるでしょう。

　このようにスイッチングレギュレータは、スイッチング周波数 f_{sw} を十分高くして、デューティ d を調節することにより、出力電圧 v_{out} を変化させます。

[例題 7 - 1]

　スイッチング周波数が10 kHz で、デューティが0.4のとき、スイッチのオン時間とオフ時間をそれぞれ求めなさい。

[解答]

　スイッチング周期 T_{sw} は、$T_{sw} = 1 / f_{sw} = 100 \times 10^{-6}$ [s] $= 100$ [μs] です。よってオン時間は $T_{on} = d T_{sw} = 40$ [μs] になり、オフ時間は $T_{off} = (1 - d) T_{sw} = 60$ [μs] にまります。

答：オン時間 40 μs、オフ時間 60 μs

85

● 7-1 スイッチングレギュレータの原理

［例題 7 － 2］

図 7 － 1 の回路において、入力電圧 v_{in} を100 V とする。スイッチング周期 T_{sw} を50 μs とし、デューティ d を0.36としたとき、抵抗 R にかかる負荷電圧 v_{out} の実効値と平均値を求めよ。

［解答］

負荷電圧の波形 v_{out} は、図 7 － 2 に示したように矩形波となります。負荷電圧の実効値を V_{rms} とすると、

$$V_{rms} = \sqrt{\frac{1}{T_{sw}} \int_0^{T_{on}} v_{in}^2 \, dt} = \sqrt{\frac{1}{T_{sw}} \int_0^{0.36 T_{sw}} 100^2 \, dt}$$

$$= 100 \sqrt{\frac{0.36 T_{sw}}{T_{sw}}} = 60 \, [\mathrm{V}] \qquad\qquad (7-1)$$

となります。次に、負荷電圧の平均値を V_{avg} とすると、

$$V_{avg} = \frac{1}{T_{sw}} \int_0^{T_{on}} v_{in} \, dt = \frac{1}{T_{sw}} \int_0^{0.36 T_{sw}} 100 \, dt = 36 \, [\mathrm{V}] \qquad\qquad (7-2)$$

となります。さて、図 7 － 1 のようにスイッチと直列に抵抗のみが接続されている回路では、抵抗の消費電力を求めるにあたって実効値を用います。しかし、次章以降のスイッチングレギュレータの説明では、電圧の平均値を用いて負荷電圧の導出をします。これは、それらの回路で用いているインダクタ電圧の平均値が、定常状態でゼロとなるためです。詳細は、次章以降で説明します。

答：実効値 60 V、平均値 36 V

86

第7章　スイッチングレギュレータの概要

7-2 スイッチングレギュレータの種類

　スイッチングレギュレータには、さまざまな回路方式があります。図7-3にスイッチングレギュレータの例を示します。スイッチングレギュレータは、まず入力と出力とが絶縁されていない**非絶縁型**（non-isolated type）と、変圧器で絶縁されている**絶縁型**（isolated type）の2種類に大きく分けられます。

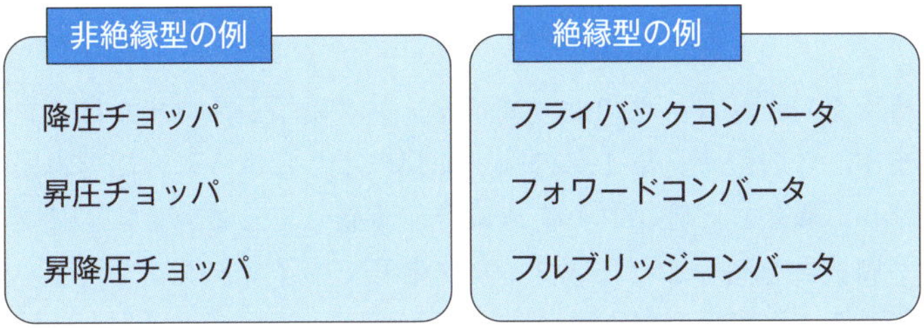

非絶縁型の例

降圧チョッパ

昇圧チョッパ

昇降圧チョッパ

絶縁型の例

フライバックコンバータ

フォワードコンバータ

フルブリッジコンバータ

図7-3　**スイッチングレギュレータの例**

　非絶縁型の特徴は、入出力間に変圧器による損失が無く、一般に絶縁型と比べて効率が高くなります。ただし、入出力間が絶縁されていないため、入力と出力との間の電位差に気をつける必要があります。また、入出力の電圧比が高い用途には向きません。

　非絶縁型のスイッチングレギュレータの代表的な回路として、**降圧チョッパ**（buck chopper）が挙げられます。この回路は、その名の通り出力電圧の方が入力電圧より低くなります。これに対して、入力電圧より出力電圧が高くなる**昇圧チョッパ**（boost chopper）という回路もあります。これらのチョッパ回路は、インダクタにエネルギーを蓄えて電圧変換を行います。また、入力電圧を降圧も昇圧もできる**昇降圧チョッパ**（buck-boost chopper）という回路もあります※注。

　次に、絶縁型の特徴について述べます。絶縁型では、入出力の間に変圧器を入れることにより、入力と出力との間が電気的に絶縁されます。これにより、入出力に電位差があっても使用することができます。また、変圧器の巻線比を調整することにより、入出力の電圧比が高い用途にも適用可能です。ただし、変圧器の損失や磁気飽和などを考慮した設計が必要となります。

※注：これらの回路の動作の詳細については、次章以降で説明する。

87

● 7−2　スイッチングレギュレータの種類

　絶縁型のスイッチングレギュレータの代表的な回路としては、図7−3に挙げた回路以外にプッシュプルコンバータやハーフブリッジコンバータなどがあります。絶縁型の場合、変圧器の巻線比で入出力電圧を調整できるため、いずれの回路方式も入力電圧に対して出力電圧を高くすることも低くすることもできます。これらの回路方式の選定は、一般に変換器の定格容量をもとに決めます※注。

　　［例題7−3］
　　リニアレギュレータと比較した場合、スイッチングレギュレータの短所を答えなさい。

　［解答］

　スイッチングレギュレータでは、スイッチング素子がオンまたはオフの状態を繰り返します。このため、第1章の図1−13に示したように、出力電圧や出力電流にはリプル（脈動）と呼ばれる交流成分が重畳してしまいます。リプルは、スイッチング周波数を高くしたり、フィルタとしてのインダクタやキャパシタを大きくしたりすることで低減できます。

　もう1つは、スイッチングに伴うノイズの発生です。スイッチのオン・オフに伴って電流経路が切り替わると電圧や電流に急激な変化が生じます。この変化に伴い伝導ノイズや放射ノイズが発生します。伝導ノイズは入出力にノイズ対策用のフィルタを接続することで低減できます。放射ノイズは、金属製の筐体で覆うなどしてシールドすることで低減できます。

　　　　　　　　答：出力電圧や電流にリプルが生じる。ノイズが生じる。

※注：各回路の詳細は、次章以降で説明する。

88

第7章 スイッチングレギュレータの概要

7-3 スイッチング素子

スイッチングレギュレータのスイッチには、半導体を用いたスイッチング素子（switching device）が使われます。スイッチング素子は、パワー半導体デバイス、スイッチングデバイスとも呼ばれます。スイッチングレギュレータで用いられるスイッチとしては、ダイオードのほかにMOSFET（metal-oxide-semiconductor field-effect transistor）かIGBT（insulated-gate bipolar transistor）がよく用いられています。本節では、MOSFETについて簡単に説明します。nチャネルのMOSFETの回路記号と外観を図7-4に示します。

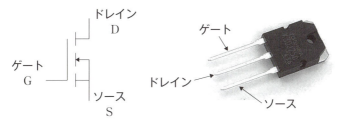

図7-4　MOSFETの回路記号と外観

第4章で述べたトランジスタは、ベース−エミッタ間に電流を流すことで、コレクタ電流を流しましたが、MOSFETはゲート−ソース間にしきい値より大きい電圧（例えば15 V）を印加することにより、ドレイン−ソース間がオン状態になります。逆に、ゲート−ソース間にしきい値未満の電圧（例えば0 V）を印加することにより、ドレイン−ソース間がオフ状態になります。トランジスタとは異なり、ゲートに電流を流し続ける必要が無いため、ゲート駆動回路（gate driver）の消費電力が低くなります。また、MOSFETはユニポーラデバイス（unipolar device）であることから、バイポーラデバイス（bipolar device）であるIGBTと比較してスイッチング周波数を高くできるという特長があります。

89

[例題7-4]

理想スイッチ（ideal switch）とは、スイッチの損失がなく、オン・オフの切り替わりが瞬時に行われる理想的なスイッチである。しかし実際に使われるスイッチング素子は、損失が生じ、オン・オフの切り替わりの時間が生じる。

スイッチの電圧と電流が図7-5のような波形で表されるとき、AからDのそれぞれの期間でスイッチが消費するエネルギーを求めよ。また、スイッチング周波数を f_{sw} としたとき、1秒あたりのスイッチにおける損失を求めよ。

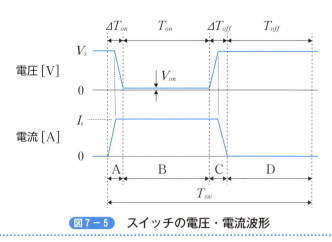

図7-5 スイッチの電圧・電流波形

[解答]

図7-5の電圧と電流を掛けると、図7-6の波形が得られます。これは、スイッチの消費電力の波形となります。この波形のAからDの各期間の面積が消費エネルギーに相当します。

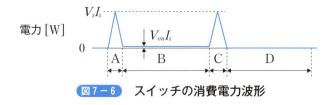

図7-6 スイッチの消費電力波形

Aの期間について、面積を三角形で近似すると

第7章　スイッチングレギュレータの概要

$$W_A = \frac{1}{2} V_s I_s \Delta T_{on} \quad [\mathrm{J}] \qquad\qquad (7-3)$$

と求められます。これは、スイッチがオンするときのスイッチング損失です。次に、Bの期間について求めると、

$$W_B = V_{on} I_s T_{on} \quad [\mathrm{J}] \qquad\qquad (7-4)$$

となります。これは、スイッチがオンしているときの導通損失です。Cの期間は、Aの期間と同様に

$$W_C = \frac{1}{2} V_s I_s \Delta T_{off} \quad [\mathrm{J}] \qquad\qquad (7-5)$$

となります。これは、スイッチがオフするときのスイッチング損失です。最後に、Dの期間ですが、スイッチがオフしているときにスイッチを流れる電流が微小なためゼロと近似できます。よって、

$$W_D = 0 \quad [\mathrm{J}] \qquad\qquad (7-6)$$

となります。また、1秒あたりのスイッチにおける損失 P_{sw} は、

$$P_{sw} = f_s(W_A + W_B + W_C) \quad [\mathrm{W}] \qquad\qquad (7-7)$$

で求めることができます。

答：式（7－3）から式（7－7）

［例題7－5］
パワーMOSFET の構造を描け。

［解答］
パワーMOSFET の構造を図7－7に示します。パワーMOSFET は、n⁻層（ドリフト層）で耐圧を保持します。高い電圧でも耐圧を維持するため、ドレインを下側に位置した縦型の構造となっています。ゲートに電圧を印加すると、チャネルを通じて n⁻層に電子が流れます。電気伝導に電子しか関与していないため、MOSFET はユニポーラデバイスです。図7－7はプレーナゲートと呼ばれる構造ですが、ゲートの構造を工夫してチャネルを上下方向にしたトレンチゲートと呼ばれる構造もあります。また、低オン抵抗を実現したスーパージャンクション構造とよばれる構造もあります。

● 7-3 スイッチング素子

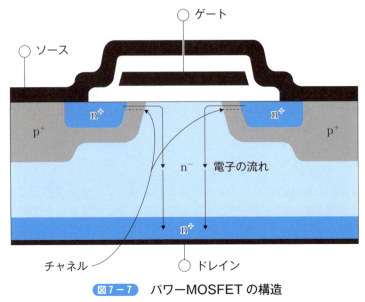

図7-7　パワーMOSFETの構造

答：図7-7

[例題7-6]
　IGBTの構造を描け。

[解答]
　パワーMOSFETの構造を図7-8に示します。図7-7のパワーMOSFETのドレイン側にp$^+$層が形成されています。このp$^+$層からホールがn$^-$層（ドリフト層）に流れ込み伝導度変調によりオン抵抗が低くなります。よって、IGBTはバイポーラデバイスです。

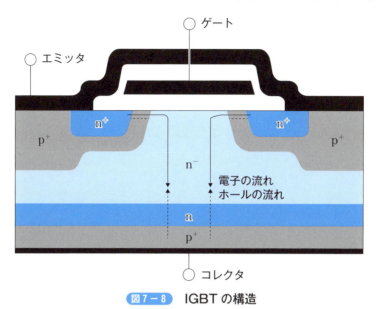

図7－8 IGBTの構造

答：図7－8

[例題7－7]
　スイッチング素子に用いられる半導体材料はシリコンが一般的であるが、それ以外にスイッチング素子に用いられる半導体材料には何があるか。

[解答]
　スイッチング素子に用いられる半導体材料としては、シリコンカーバイド（SiC）や窒化ガリウム（ガリウムナイトライド、GaN）を用いた素子があります。これらの材料は、ワイドバンドギャップ半導体（wide-bandgap semiconductor）と呼ばれ、禁制帯幅（バンドギャップ（bandgap））がシリコンの1.12 eVよりも約2倍から3倍大きいです。これにより、絶縁破壊電界が大きくなり、同じ定格電圧に対してドリフト層の厚さを薄くできるため、オン抵抗を小さくすることができます。

答：シリコンカーバイド（SiC）、窒化ガリウム（GaN）

第8章
降圧チョッパ

　本章では、スイッチングレギュレータの中で最も基本的な回路の1つである降圧チョッパについて説明します。まず、降圧チョッパの回路と動作について学び、次にデューティと入出力電圧の関係について述べます。最後に、パルス幅変調（PWM）について説明します。

8-1 降圧チョッパ

　本章では、スイッチングレギュレータの中で最も基本的な回路の1つである**降圧チョッパ**（buck chopper）について説明します。チョップ（chop）とは、「たたき切る」や「切り落とす」という意味で、チョッパとは、「たたき切るもの」のという意味です。名前の通り、電圧（または電流）をスイッチング素子で切り取るように動作します。

　前章の図7-1の回路も、負荷電圧（出力電圧）は図7-2のように入力電圧を一定の割合で切り落としているように見えるので、チョッパ回路と言えます。しかし、負荷には矩形波状の電圧が周期的に印加されてしまいます。豆電球やヒータのような抵抗のみの負荷であれば、このような波形でもよいかもしれませんが、多くの負荷はなるべく一定の電圧を必要としています。そこで、第1章でも紹介したように、図7-1の回路にダイオードDとインダクタLを加えて、図8-1に示す回路とします。この回路を降圧チョッパと呼びます。

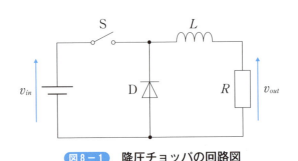

図8-1　降圧チョッパの回路図

　ダイオードDとインダクタLを加えると、出力電圧v_{out}は図8-2に示すように、おおよそ一定の電圧を出力することができます。しかし、スイッチSのオン・オフに伴い出力電圧にリプルが重畳しています。なぜ、このような波形となるのか、スイッチのオン期間とオフ期間に分けて、回路の状態を見てみましょう。

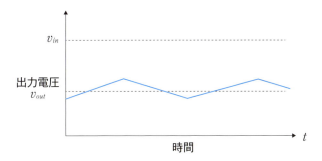

図8−2 降圧チョッパの出力電圧波形

　まず、スイッチSがオンしている場合について考えます。図8−3にスイッチSがオン時の電流経路を示します。スイッチSがオンの場合、ダイオードには逆電圧が印加されるので、電流は流れません。よって、回路は入力電圧 v_{in} [V] とインダクタ L [H]、抵抗 R [Ω] の直列回路となります。

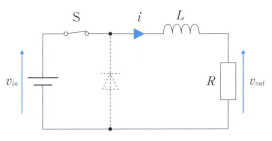

図8−3 スイッチSがオン時の電流経路

　仮に、$t ≦ 0$ での出力電圧を $v_{out} = 0$ [V] とし、時刻 $t = 0$ [s] でスイッチSをオフからオンに切り替えたとすると、出力電圧 v_{out} は以下の式[※注]で表されます。

$$v_{out} = v_{in}\left(1 - e^{-\frac{R}{L}t}\right) \quad [\text{V}] \tag{8−1}$$

　このときの出力電圧 v_{out} の波形を図8−4に示します。出力電圧がゼロから入力電圧 v_{in} に近づいていくことがわかります。出力電圧が v_{in} に近づく時間は、RL回路の**時定数**（time constant）$τ = L/R$ [s] によって決まります。

※注：式の導出については、例題8−1を参照。

8-1 降圧チョッパ

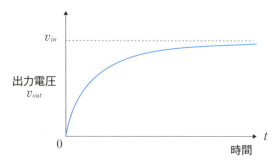

図8-4 スイッチSをオンし続けた場合の出力電圧波形

　次に、スイッチSがオフしている場合について考えます。図8-5にスイッチSがオフ時の電流経路を示します。スイッチSがオフの場合、入力電圧源v_{in}には電流が流れません。一方、インダクタLは電流を流し続けようとするため、電流の経路がダイオードDに変わります。ダイオードDでの電圧降下が無視できるとすると、回路はインダクタL [H] と抵抗R [Ω] の直列回路となります。

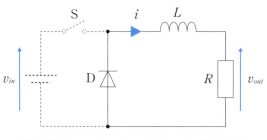

図8-5 スイッチSがオフ時の電流経路

　仮に、$t=0$ での出力電圧を $v_{out}=v_{in}$ [V] とし、時刻 $t=0$ [s] でスイッチSをオンからオフに切り替えたとすると、出力電圧 v_{out} は以下の式で表されます。

$$v_{out}=v_{in}\ e^{-\frac{R}{L}t} \quad [\text{V}] \tag{8-2}$$

　このときの出力電圧 v_{out} の波形を図8-6に示します。図8-4と対称的に出力電圧が v_{in} からゼロに近づいていきます。

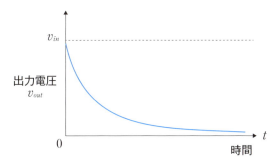

図8－6 スイッチSをオフし続けた場合の出力電圧波形

　出力電圧 v_{out} が変化している途中で、スイッチSのオン・オフを繰り返すと、電圧波形は図8－7のように平均値 v_{avg} を中心にリプルが重畳する波形となります。一般に、降圧チョッパのスイッチング周期 $T_{sw}(=T_{on}+T_{off})$ は、RL回路の時定数 $\tau=L/R$ [s] に対して十分短いため、電圧の変化は図8－2に示すように直線とみなせます。

　チョッパを含めたスイッチングレギュレータでは、図8－2や図8－7のように電圧（または電流）について周期的に同じ波形が繰り返される状態を**定常状態**（steady state）とします。

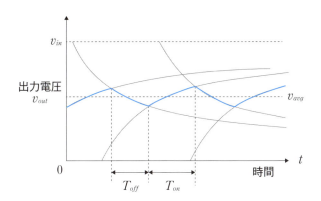

図8－7 スイッチがオン・オフを繰り返した場合の出力電圧波形

［例題8－1］
　式（8－1）を導出しなさい。

●8-1　降圧チョッパ

[解答]

　キルヒホッフの電圧則より、回路方程式は、

$$L\frac{di(t)}{dt}+Ri(t)=v_{in}\qquad(8-3)$$

と表されます。これは、1階の常微分方程式であり、まず右辺をゼロとした同伴方程式（同次方程式）の解を求めます。

　式（8-3）の右辺をゼロとすると、

$$L\frac{di(t)}{dt}+Ri(t)=0\qquad(8-4)$$

となります。この式を変形して、両辺を積分し、

$$\int\frac{1}{i(t)}\,di(t)=\int-\frac{R}{L}\,dt\qquad(8-5)$$

とし、これを計算すると、

$$\ln(i(t))=-\frac{R}{L}t+C\qquad(8-6)$$

となります。Cは積分定数です。よって電流$i(t)$は、定数$A\neq0$として次式で表されます。

$$i(t)=Ae^{-\frac{R}{L}t}\qquad(8-7)$$

　電気回路では、この同伴方程式の解を過渡解と呼びます。

　次に、式8-3（非同次方程式）の解を求めます。数学的に解く場合は、式（8-5）の定数Aをtの関数$A(t)$とおいて、式8-3に代入する手順で求めます。一方、電気回路では計算を簡単化するために、以下の手順で非同次方程式の解を求める方法があります。図8-4に示すように$i(t)$は定常状態で一定の値となることから、

$$\frac{di(t)}{dt}=0\qquad(8-8)$$

を、式（8-3）に代入して、

$$i(t)=\frac{v_{in}}{R}\qquad(8-9)$$

を得ます。これを定常解と呼び、非同次方程式の解となります。

　一般解は、過渡解と定常解の和となり、

$$i(t)=\frac{v_{in}}{R}+Ae^{-\frac{R}{L}t}\qquad(8-10)$$

となります。

100

ここで、初期条件 $i(0)=0$ を代入すると定数 A の値が求まります。よって、初期条件を代入して求めた特殊解は、次式で表されます。

$$i(t)=\frac{v_{in}}{R}\left(1-e^{-\frac{R}{L}t}\right) \qquad (8-11)$$

上式に、抵抗 R を乗じることで、式（8 − 1）が得られます。

[例題 8 − 2]
　式（8 − 2）を導出しなさい。

[解答]
　キルヒホッフの電圧則より、回路方程式は、

$$L\frac{di(t)}{dt}+Ri(t)=0 \qquad (8-12)$$

と表されます。同次方程式なので例題 8 − 1 と同様に変形して、両辺を積分すると、

$$\int\frac{1}{i(t)}di(t)=\int-\frac{R}{L}dt \qquad (8-13)$$

となります。これを計算すると、

$$\ln(i(t))=-\frac{R}{L}t+C \qquad (8-14)$$

C は積分定数です。よって電流 $i(t)$ は、定数 $A\neq 0$ として次式で表されます。

$$i(t)=Ae^{-\frac{R}{L}t} \qquad (8-15)$$

　ここで、初期条件 $i(0)=v_{in}/R$ を代入すると定数 A の値が求まります。よって、初期条件を入れて求めた解（特殊解）は、次式で表されます。

$$i(t)=\frac{v_{in}}{R}e^{-\frac{R}{L}t} \qquad (8-16)$$

　上式に、抵抗 R を乗じることで、式（8 − 2）が得られます。

8-2 デューティと入出力電圧の関係

　定常状態における降圧チョッパの出力電圧 v_{out} は、スイッチング周期 T_{sw} に対するオン時間 T_{on} の割合（デューティ）によって変化します。本節では、入力電圧 v_{in} と出力電圧 v_{out} の関係式を求めます。ここでは、図8-1の降圧チョッパの出力抵抗に並列にキャパシタ C を加えた図8-8を用いて考えます。

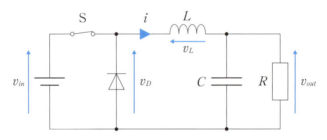

図8-8 キャパシタを追加した降圧チョッパの回路図

　ここで、キャパシタ C の静電容量が十分に大きいと考え、出力電圧 v_{out} は一定とみなします。また、インダクタ電流 i は常に流れている（$i > 0$）とします。このとき、定常状態におけるオン時のインダクタ電流と電圧の関係は次式で表されます。

$$v_{in} - v_{out} = L \frac{di}{dt} \qquad (8-17)$$

　両辺を T_{on} の期間で時間積分すると、インダクタ電流の変化 Δi_{on} は、

$$\Delta i_{on} = \frac{v_{in} - v_{out}}{L} T_{on} \qquad (8-18)$$

と表されます。同様に、オフ時のインダクタ電流の変化 Δi_{off} は、

$$\Delta i_{off} = \frac{-v_{out}}{L} T_{off} \qquad (8-19)$$

と表されます。このとき、Δi_{off} は負の値となることに注意してください。これは、オフ時にインダクタ電流が減少していることを示しています。定常状態では、電流 i の平均値は一定となるためオン時の電流増加分とオフ時の電流減少分が等しくなります。よって、式（8-18）、（8-19）より、

第8章　降圧チョッパ

$$\Delta i_{on} = |\Delta i_{off}| = \frac{v_{in} - v_{out}}{L} \, T_{on} = \frac{v_{out}}{L} \, T_{off} \qquad (8-20)$$

となり、これを変形すると、

$$v_{out} = \frac{T_{on}}{T_{on} + T_{off}} \, v_{in} = \frac{T_{on}}{T_{sw}} v_{in} \qquad (8-21)$$

と表されます。これより降圧チョッパの出力電圧 v_{out} の式は、デューティ d を用いて、

$$v_{out} = d v_{in} \qquad (8-22)$$

と表されます。このように、降圧チョッパの出力電圧 v_{out} は、入力電圧 v_{in} にデューティ d を乗じた値となります。

［例題8－3］

　図8－8の降圧チョッパが、入力電圧 $v_{in}=100$ [V]、デューティ $d=0.4$ で動作しているとする。キャパシタ C の静電容量が十分に大きく、インダクタ電流 i は常に正の値であるとしたとき、出力電圧 v_{out} を求めなさい。

［解答］

　降圧チョッパの出力電圧は、

$$v_{out} = d v_{in} = 0.4 \times 100 = 40 \text{ [V]} \qquad (8-23)$$

となります。

答：40 V

［例題8－4］

　例題8－3において、スイッチング周期 T_{sw} を100 μs としたときのダイオード電圧 v_D とインダクタ電圧 v_L の波形を描け。また、ダイオード電圧 v_D の実効値と平均値を求めよ。

［解答］

　ダイオード電圧 v_D とインダクタ電圧 v_L の波形を図8－9に示します。定常状態におけるインダクタ電圧 v_L は、スイッチがオンの時の A のエリアの面積と、スイッチがオフの時の B のエリアの面積が等しくなります。

103

● 8-2 デューティと入出力電圧の関係

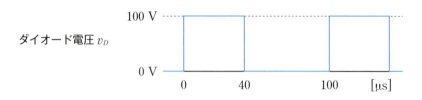

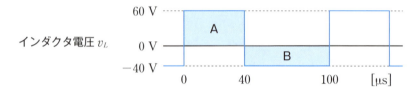

図 8-9 ダイオード電圧 v_D とインダクタ電圧 v_L の波形

　これは、定常状態においてスイッチがオン時にインダクタにて増加する磁束鎖交数 $\Delta\psi_{on}$ [Wb] とスイッチがオフ時に減少する磁束鎖交数 $\Delta\psi_{off}$ [Wb] の大きさが等しくなることから、レンツの法則より、

$$v_L = N\frac{d\phi}{dt} = \frac{d\psi}{dt} \qquad (8-24)$$

の関係が成り立つので、

$$\Delta\psi_{on} = |\Delta\psi_{off}| = (v_{in} - v_{out})T_{on} = |-v_{out}T_{off}| \qquad (8-25)$$

となり、インダクタ電圧の時間積分（面積）がオン時とオフ時で等しくなることがわかります。ダイオード電圧波形からインダクタ電圧波形を引いたものが負荷電圧波形であり、負荷電圧波形は40 V一定であることがわかります。

　次に、ダイオード電圧 v_D の実効値を V_{rms} とすると、

$$\begin{aligned}V_{rms} &= \sqrt{\frac{1}{T_{sw}}\int_0^{T_{on}} v_{in}^2 dt} = \sqrt{\frac{1}{T_{sw}}\int_0^{0.4T_{sw}} 100^2 dt} \\ &= 100\sqrt{0.4} = 20\sqrt{10} \approx 63.24 \,[\text{V}]\end{aligned} \qquad (8-26)$$

となります。次に、負荷電圧の実効値を V_{avg} とすると、

$$V_{avg} = \frac{1}{T_{sw}}\int_0^{T_{on}} v_{in} dt = \frac{1}{T_{sw}}\int_0^{0.4T_{sw}} 100 dt = 40\,[\text{V}] \qquad (8-27)$$

となります。例題7-2と異なり、スイッチと負荷との間にインダクタが挿入されると、インダクタに印加される電圧が平均でゼロとなり、負荷電圧は入力電圧の平均値と等しくなります。

答：図8-9、実効値63.24 V、平均値40 V

8-3 パルス幅変調（PWM）

前節では、降圧チョッパはデューティを変化させることで出力電圧を調整できることを述べました。入力電圧 v_{in} を 100 V とした場合のダイオード D にかかる電圧 v_D と出力電圧 v_{out} を見てみましょう。グラフを図 8 −10 に示します。

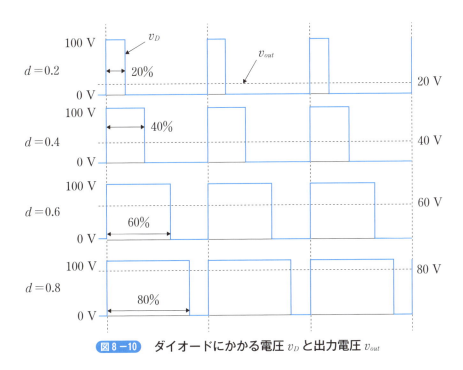

図 8 −10 ダイオードにかかる電圧 v_D と出力電圧 v_{out}

このように、ダイオードには矩形波が印加されています。一方、出力電圧 v_{out} はダイオード電圧 v_D の平均値となっています。これは、ダイオード電圧の交流成分を、LC フィルタで取り除いていることを示しています。このように一定の周期においてパルス電圧の幅を変化させることで出力電圧の大きさを変化させる方法を、パルス幅変調（pulse width modulation）と呼びます。一般に、英語の頭文字を取って PWM と呼びます。

PWM を実現するためには、スイッチ S に一定のスイッチング周波数でデューティに応じたオン信号を入力しなければなりません。例えば、スイッチが MOSFET の場合、ゲート−ソース間にゲート電圧を入力することでオン状態と

8-3 パルス幅変調（PWM）

なります。このオン信号を得る方法として、**三角波比較方式**（sine-triangle intersection method）が用いられます。図8−11に**コンパレータ（比較器）**（comparator）を用いたスイッチのオン信号の生成ブロックを、図8−12に三角波比較方式で生成したオン信号の波形を示します。

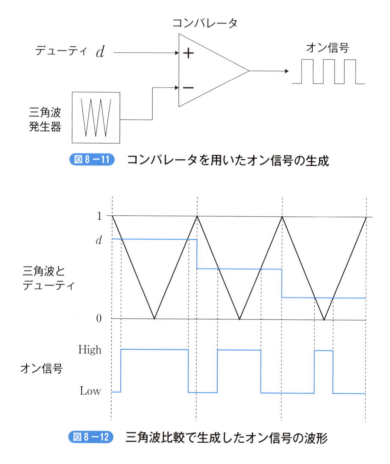

図8−11　コンパレータを用いたオン信号の生成

図8−12　三角波比較で生成したオン信号の波形

　図8−12ではデューティ d を三角波の山で変化させています。このように、三角波とデューティを比較して、デューティの値の方が大きいときにオン信号を出力します。スイッチング周波数は、三角波の周波数で決まります。このときの三角波を**搬送波**（carrier wave）と呼び、デューティの波形を**変調波**（modulation wave）と呼びます。

第8章　降圧チョッパ

[例題 8 − 5]
　図 8 −12において、搬送波（三角波）の周波数 f_{sw} が20 kHz、デューティ d が0.6のときのオン時間を求めなさい。

[解答]
　スイッチング周期 T_{sw} は、

$$T_{sw} = \frac{1}{f_{sw}} = \frac{1}{20 \times 10^3} = 50 \times 10^{-6} \text{ [s]} \qquad (8-28)$$

よって、オン時間 T_{ON} は、

$$T_{on} = dT_{sw} = 0.6 \times 50 \times 10^{-6} = 30 \times 10^{-6} \text{ [s]} \qquad (8-29)$$

より、30 μs となります。

答：30 μs

107

第 9 章

非絶縁型チョッパ 方式レギュレータ

　本章では、前章で説明した降圧チョッパ以外のチョッパ方式のレギュレータを紹介します。まず、入力電圧よりも高い電圧を出力できる昇圧チョッパについて説明します。次に、入力電圧よりも高い電圧と低い電圧の両方を出力できる昇降圧チョッパについて説明します。最後に、片方向だけでなく双方向に電力を送ることのできる双方向チョッパの動作を説明します。

9-1 昇圧チョッパ

昇圧チョッパ（boost chopper）の回路図を図9－1に示します。この回路において、平滑キャパシタCの静電容量は十分大きく、出力電圧v_{out}は一定とみなせるとします。また、インダクタ電流iは常に流れている（$i>0$）とし、ダイオードDやスイッチSなどの各素子は理想的で電圧降下や損失がないとします[※注]。

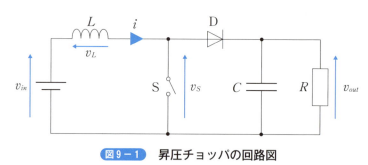

図9－1　昇圧チョッパの回路図

　図8－8の降圧チョッパの回路図と比べると、ダイオードDとインダクタLとスイッチSの位置が反時計回りに入れ替わっていることがわかります。このように回路を構成すると、入力電圧v_{in}よりも高い出力電圧を得ることができます。なぜ、そのような昇圧が可能となるのか、スイッチのオン期間とオフ期間に回路の状態を分けて説明します。

　まず、スイッチSがオンしている場合について考えます。図9－2にオン時の電流経路を示します。この場合、ダイオードには逆電圧が印加されるため電流が流れず、2つの電流経路が生じます。この期間、インダクタ電流iが増加しインダクタLに蓄えられるエネルギーが大きくなっていきます。負荷Rには、平滑キャパシタCに蓄えられていたエネルギーが供給されます。

※注：本節以降の回路についても、特に記載がない限りこの条件を満たすものとする。

第9章 非絶縁型チョッパ方式レギュレータ

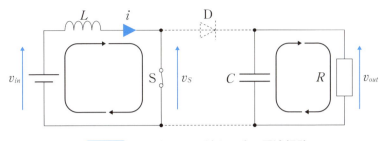

図9－2 スイッチSがオン時の電流経路

このときのインダクタ電流と電圧の関係は次式で表されます。

$$v_{in} = L \frac{di}{dt} \qquad (9-1)$$

両辺を T_{on} の期間で時間積分すると、インダクタ電流の変化 Δi_{on} は、

$$\Delta i_{on} = \frac{v_{in}}{L} T_{on} \qquad (9-2)$$

となります。次に、スイッチSがオフしている場合について考えます。図9－3にスイッチSがオフ時の電流経路を示します。スイッチがオフすると、スイッチを通じて電流を流すことができなくなりますなります。一方、インダクタは電流を流し続けようとする働きがあるので、インダクタ電流 i は、ダイオードDを通じて平滑キャパシタ C と負荷 R に流れます。このとき、インダクタ L に蓄えられたエネルギーが平滑キャパシタ C と負荷 R に供給されます。

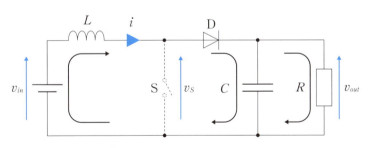

図9－3 スイッチSがオフ時の電流経路

このときのインダクタ電流と電圧の関係は次式で表されます。

$$v_{in} - v_{out} = L \frac{di}{dt} \qquad (9-3)$$

両辺を T_{off} の期間で時間積分すると、インダクタ電流の変化 Δi_{off} は、

111

$$\Delta i_{off} = \frac{v_{in} - v_{out}}{L} T_{off} \tag{9-4}$$

となります。このとき、出力電圧 v_{out} が入力電圧 v_{in} よりも大きくなっており、Δi_{off} は負の値となることに注意してください。これは、オフ時にインダクタ電流が減少していることを示しています。定常状態では、オン時の電流増加 Δi_{on} とオフ時の電流減少 Δi_{off} の大きさが等しくなります。よって、式（9-3）、（9-4）より、

$$\Delta i_{on} = |\Delta i_{off}| = \frac{v_{in}}{L} T_{on} = \frac{-v_{in} + v_{out}}{L} T_{off} \tag{9-5}$$

となり、これを変形すると、

$$v_{out} = \frac{T_{on} + T_{off}}{T_{off}} v_{in} = \frac{T_{sw}}{T_{sw} - T_{on}} v_{in} = \frac{1}{1 - T_{on}/T_{sw}} v_{in} \tag{9-6}$$

と表されます。これより昇圧チョッパの出力電圧の式は、デューティを用いて、

$$v_{out} = \frac{1}{1-d} v_{in} \tag{9-7}$$

と表されます。デューティ d は、$0 < d < 1$ の範囲を取るので、$1/(1-d)$ は1より大きい値となり、出力電圧 v_{out} が入力電圧 v_{in} より大きい値となることがわかります。

［例題 9-1］

図 9-1 の昇圧チョッパが、入力電圧 $v_{in} = 24$ [V]、デューティ $d = 0.25$ で動作しているとする。キャパシタ C の静電容量が十分に大きく、インダクタ電流 i は常に正の値であるとしたとき、出力電圧 v_{out} を求めなさい。

［解答］

昇圧チョッパの出力電圧は、

$$v_{out} = \frac{1}{1-d} v_{in} = \frac{1}{1-0.25} \times 24 = \frac{4}{3} \times 24 = 32 \text{ [V]} \tag{9-8}$$

となります。

答：32 V

第9章 非絶縁型チョッパ方式レギュレータ

> **[例題9－2]**
> 例題9－1において、インダクタ $L = 5$ [mH]、抵抗 $R = 16$ [Ω]、スイッチング周波数 $f_{sw} = 2$ [kHz] としたとき、インダクタ電圧 v_L、インダクタ電流 i、スイッチ電圧 v_s の波形を描け。

[解答]

出力電圧 v_{out} が32 Vなので、負荷抵抗 R を流れる電流（インダクタの平均電流）は2 Aとなります。また、式（9－5）より、

$$\Delta i_{on} = |\Delta i_{off}| = \frac{24}{0.005} \times \frac{0.25}{2000} = 0.6 \quad [\text{A}] \tag{9－9}$$

となります。これより、インダクタ電圧 v_L、インダクタ電流 i、スイッチ電圧 v_s の波形を図9－4に示します。

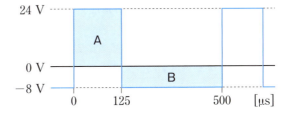

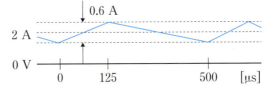

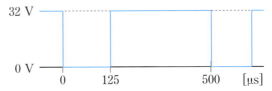

図9－4 インダクタ電圧 v_L、インダクタ電流 i、スイッチ電圧 v_s の波形

答：図9－4

9-2 昇降圧チョッパ

昇降圧チョッパ (buck-boost chopper) の回路図を図9-5に示します。

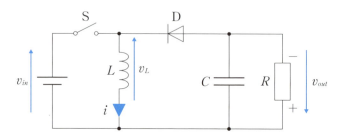

図9-5　昇降圧チョッパの回路図

　昇圧チョッパと比べると、インダクタ L とスイッチ S の位置が入れ替わっていることがわかります。また、ダイオード D の向きが昇圧チョッパと逆になっています。このように回路を構成すると、入力電圧 v_{in} を昇圧も降圧もすることができるようになります。ただし、図に示すように、出力電圧 v_{out} の極性が入力電圧 v_{in} に対して上下逆転する特徴があります。なぜ、昇降圧が可能となるのかについて、スイッチのオン期間とオフ期間に回路の状態を分けて説明します。

　まず、スイッチ S がオンしている場合について考えます。図9-6にスイッチがオン時の電流経路を示します。スイッチがオンの場合、ダイオードには逆電圧が印加されるため電流が流れず、2つの電流経路が生じます。この期間、インダクタ電流 i が増加しインダクタ L にエネルギーが蓄積されます。負荷 R には、平滑キャパシタ C に蓄えられていたエネルギーが供給されます。

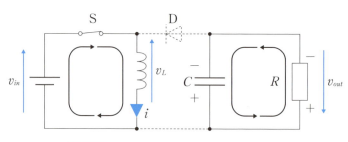

図9-6　スイッチSがオン時の電流経路

第9章 非絶縁型チョッパ方式レギュレータ

このときのインダクタ電流と電圧の関係は次式で表されます。

$$v_{in} = L \frac{di}{dt} \quad (9-10)$$

両辺を T_{on} の期間で時間積分すると、インダクタ電流の変化 Δi_{on} は、

$$\Delta i_{on} = \frac{v_{in}}{L} T_{on} \quad (9-11)$$

となります。次に、スイッチがオフしている場合について考えます。図9-7にスイッチがオフ時の電流経路を示します。スイッチがオフすると、これまでスイッチを流れていた電流が流れなくなります。インダクタは電流を流し続けようとする働きがあるため、インダクタ電流 i はダイオードを通じて平滑キャパシタ C と負荷 R に流れます。このとき、インダクタに蓄えられたエネルギーが平滑キャパシタ C と負荷 R に供給されます。

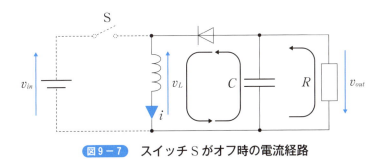

図9-7 スイッチSがオフ時の電流経路

スイッチオフ時のインダクタ電流と電圧の関係は次式で表されます。

$$-v_{out} = L \frac{di}{dt} \quad (9-12)$$

両辺を T_{off} の期間で時間積分すると、インダクタ電流の変化 Δi_{off} は、

$$\Delta i_{off} = \frac{-v_{out}}{L} T_{off} \quad (9-13)$$

となります。このとき、Δi_{off} は負の値となりインダクタ電流が減少していることがわかります。定常状態では、オン時の電流増加 Δi_{on} とオフ時の電流減少 Δi_{off} の大きさが等しくなります。よって、式(9-12)、(9-13)より、

$$\Delta i_{on} = |\Delta i_{off}| = \frac{v_{in}}{L} T_{on} = \frac{v_{out}}{L} T_{off} \quad (9-14)$$

となり、これを変形すると、

● 9-2 昇降圧チョッパ

$$v_{out} = \frac{T_{on}}{T_{off}} v_{in} = \frac{T_{on}}{T - T_{on}} v_{in} = \frac{T_{on}/T}{1 - T_{on}/T} v_{in} \qquad (9-15)$$

と表されます。これより昇降圧チョッパの出力電圧 v_{out} の式は、デューティ d を用いて、

$$v_{out} = \frac{d}{1-d} v_{in} \qquad (9-16)$$

と表されます。よって、デューティ d が0.5のときに入出力電圧は等しくなり、d が0.5より大きい場合に昇圧し、d が0.5より小さい場合に降圧することがわかります。

[例題9-3]
　図9-5の昇降圧チョッパが、入力電圧 $v_{in} = 48$ [V]、デューティ $d_1 = 0.4$ で動作しているとする。キャパシタ C の静電容量が十分に大きく、インダクタ電流 i は常に正の値であるとしたとき、出力電圧 v_{out} を求めなさい。次に、デューティを $d_2 = 0.6$ に変えた場合の出力電圧 v_{out} を求めなさい。

[解答]
　デューティが0.4の場合、昇降圧チョッパの出力電圧は、

$$v_{out} = \frac{d}{1-d} v_{in} = \frac{0.4}{1-0.4} \times 48 = \frac{2}{3} \times 48 = 32 \text{ [V]} \qquad (9-17)$$

となります。また、ディーティが0.6の場合は、

$$v_{out} = \frac{d}{1-d} v_{in} = \frac{0.6}{1-0.6} \times 48 = \frac{3}{2} \times 48 = 72 \text{ [V]} \qquad (9-18)$$

となります。

答：ディーティ0.4の場合の出力電圧32 V
ディーティ0.6の場合の出力電圧72 V

[例題9-4]
　図9-8の昇降圧チョッパにおいて、電流 i のリプル（$= \Delta i_{on}$）を、入力電圧 v_{in}、スイッチング周波数 f_{sw}、デューティ d、インダクタンス L を用いて表わせ。

[解答]
　式（9-14）より、電流 i のリプルは、

$$\Delta i_{on} = \frac{v_{in}}{L} \ T_{on} = \frac{d v_{in}}{L f_{sw}}$$

（9 − 19）

と表されます。これより、電流リプルは、インダクンス L やスイッチング周波数 f_{sw} の値が大きいほど小さく、入力電圧 v_{in} やデューティ d の値が大きいほど大きくなります。

答：式（9 − 19）

9-3 双方向チョッパ

双方向チョッパ（bidirectional chopper）の回路図を図9－8に示します。

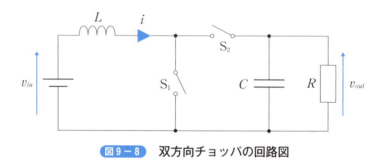

図9－8 双方向チョッパの回路図

図9－1の昇圧チョッパの回路図と比べると、ダイオードがスイッチS_2に置き変わっていることがわかります。この回路の動作を図9－9に示します。まず、左側の電圧源v_{in}から抵抗Rに電力を供給する際は、昇圧チョッパと同じ動作になります。具体的には、スイッチS_1がオンのときはスイッチS_2をオフし、スイッチS_1がオフのときはスイッチS_2をオンすることで、スイッチS_2が昇圧チョッパにおけるダイオードと同じ動作をします。言い換えれば、昇圧チョッパのダイオードは電流の方向に応じて自動的にオン・オフするスイッチの役割をしていたことになります。このように、昇圧チョッパと同じ動作で電力を低電圧側（左側）から高電圧側（右側）に送ることができます。

第9章 非絶縁型チョッパ方式レギュレータ

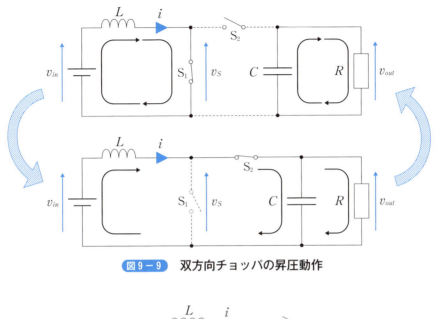

図9-9 双方向チョッパの昇圧動作

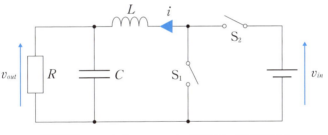

図9-10 双方向チョッパの回路図(降圧動作)

　次に、電圧源v_{in}を右側に、抵抗RとキャパシタCを左側に入れ替えます。このときの回路図を図9-10に示します。

　この回路において、スイッチS_1をダイオードに変えると、図8-8の降圧チョッパを左右反転した回路になっていると思います。この回路の動作を図9-11に示します。昇圧動作時と同様に、スイッチS_1がオンのときはスイッチS_2をオフし、スイッチS_1がオフのときはスイッチS_2をオンすることで、今度はスイッチS_1が降圧チョッパにおけるダイオードと同じ動作をします。このように、双方向チョッパは電力を高電圧側(右側)から低電圧側(左側)にも送ることができます。

9-3 双方向チョッパ

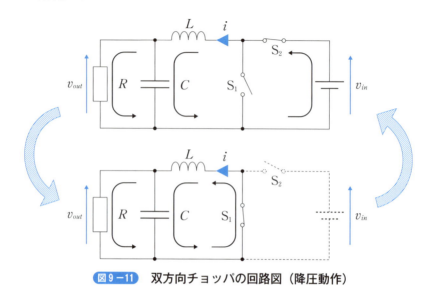

図9-11 双方向チョッパの回路図（降圧動作）

　双方向に電力を送ることのできる特長を活かし、応用例としてバッテリの充放電回路などに用いられます。また、出力電圧が数ボルト程度の回路において、ダイオードの順電圧の影響が大きい場合は、上記で説明したようにダイオードの代わりにMOSFETなどのスイッチング素子を用いて、降圧チョッパを実現します。このように、S_1とS_2が同期して動作することを**同期整流**（synchronous rectification）と呼びます。

> **［例題9-5］**
> 　実際の双方向チョッパでは、図9-12に示すようにスイッチと並列にダイオードが接続されている。この理由を説明しなさい。
>
>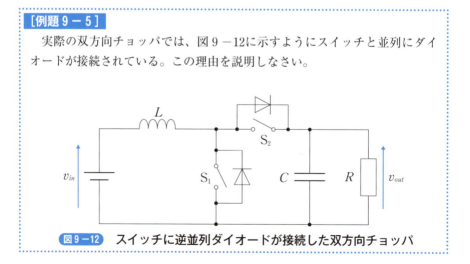
>
> **図9-12** スイッチに逆並列ダイオードが接続した双方向チョッパ

[解答]

図9-9や図9-11で説明した動作では、どちらかのスイッチがオンした瞬間にもう1つのスイッチがオフするという、理想的な動作を前提としています。しかし、実際に動作させる際は両方のスイッチが同時にオンする期間の無いように、図9-13に示すようにオンしているスイッチをオフしてから他方のスイッチがオンします。この両方のスイッチがオフしている期間を**デッドタイム**（dead time）と呼びます。デッドタイム期間は、両方のスイッチがオフしていますので、インダクタ L を流れる電流経路がなくなり、スイッチに過電圧が生じてしまいます。そこで、それぞれのスイッチに逆並列にダイオードを接続することでデッドタイム期間の電流経路を確保します。このダイオードは、**還流ダイオード**（freewheeling diode）とも呼ばれます。

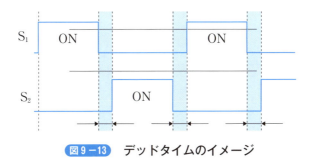

図9-13 デッドタイムのイメージ

答：デッドタイム期間の電流経路を確保するため

第10章
フライバック
コンバータ

　本章では、絶縁型 DC-DC コンバータの 1 つであるフライバックコンバータについて説明します。まず、フライバックコンバータの回路とその動作について説明します。次に、スイッチング素子の過電圧を防ぐためのスナバ回路について説明します。最後に、スイッチング素子の定格について説明します。

10-1 フライバックコンバータ

フライバックコンバータ（flyback converter）の回路図を図10－1に示します。

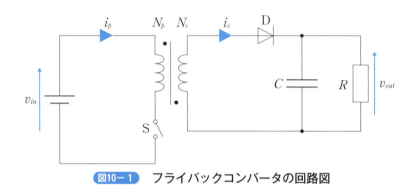

図10－1　フライバックコンバータの回路図

前章までのチョッパ回路と異なり入力と出力との間に変圧器があり、これにより入出力間の絶縁を実現しています。このような絶縁型の変換器では、例えば図10－2に示すように、入力の電圧源 v_{in} の負極と出力抵抗 R の低電圧側の電位が異なっていても変換器の動作に問題はありません。そのため、異なる電位の負荷に電力供給が可能です。

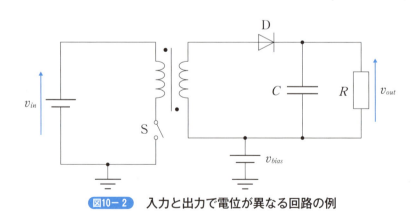

図10－2　入力と出力で電位が異なる回路の例

また、変圧器の巻数比（turns ratio）a は、一次側（primary side）の巻数 N_p、二次側（secondary side）の巻数 N_s を用いて、

$$a = \frac{N_p}{N_s} \tag{10-1}$$

と定義されます。理想的な変圧器の一次側電圧 v_p と二次側電圧 v_s の比は、それぞれの巻数比と同じで、

$$a = \frac{N_p}{N_s} = \frac{v_p}{v_s} \tag{10-2}$$

となり、巻数比によって二次側の電圧を高くしたり、低くしたりできます。入出力電圧の比はチョッパ回路では実用上制限がありますが、絶縁型DC−DCコンバータでは変圧器を用いることで入出力電圧の比を大きくとることができます。

それでは、フライバックコンバータの動作を説明します。フライバックコンバータの動作を説明するために変圧器を**理想変圧器**（ideal transformer）と**励磁インダクタンス**（magnetizing inductance）L_m で表した回路を図10−3に示します。

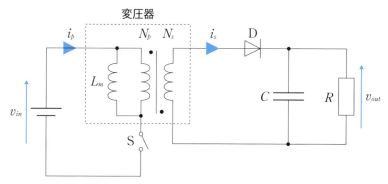

図10−3 変圧器を理想変圧器と励磁インダクタンスで表した回路

理想変圧器とは、**巻線抵抗**（winding resistance）、**鉄損**（iron loss）、**漏れインダクタンス**（leakage inductance）が無く、励磁インダクタンスが無限大の理想的な変圧器です。この理想変圧器にインダクタ L_m を並列接続することで、励磁インダクタンス L_m を持つ変圧器と等価となります。まず、この回路でスイッチSがオンしている場合について考えます。図10−4にスイッチがオン時の電流経路を示します。スイッチがオンの場合、変圧器の一次側電圧 v_p は電圧源 v_{in} の電圧と等しくなります。変圧器の極性（一次側巻線と二次側巻線の黒点）に注意すると、二次側電圧 v_s は以下の式で表されます。

$$v_s = -\frac{N_s}{N_p} v_{in} = -\frac{v_{in}}{a} \tag{10-3}$$

よって v_s は負となり、二次側のダイオードには逆電圧が印加されるので電流

が流れません。この期間、励磁インダクタンス L_m に流れる電流 i_p が増加し、変圧器がインダクタのように磁気エネルギーを蓄積します。負荷 R には、平滑キャパシタ C に蓄えられていたエネルギーが供給されます。

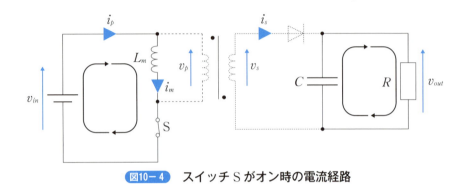

図10−4 スイッチSがオン時の電流経路

このとき、励磁インダクタンス L_m を流れる電流と電圧の関係は次式で表されます。

$$v_{in} = L_m \frac{di_m}{dt} \tag{10-4}$$

両辺を T_{on} の期間で時間積分すると、インダクタ電流 i_m の変化 Δi_{on} は、

$$\Delta i_{on} = \frac{v_{in}}{L_m} T_{on} \tag{10-5}$$

となります。次に、スイッチSがオフしている場合について考えます。図10−5にスイッチSがオフ時の電流経路を示します。スイッチがオフすると、これまでスイッチSを流れていた電流が流れなくなります。励磁インダクタンスを流れていた電流 i は、理想変圧器を介して平滑キャパシタ C と負荷 R に流れます。このとき、変圧器に蓄えられたエネルギーが平滑キャパシタ C と負荷 R に供給されます。

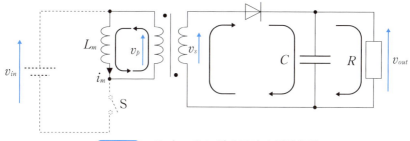

図10-5 スイッチSがオフ時の電流経路

変圧器の二次側電圧 v_s は負荷電圧 v_{out} と等しくなります。変圧器の極性（黒点が一次側と二次側で上下異なる）に注意すると、一次側電圧 v_p は以下の式で表されます。

$$v_p = -\frac{N_p}{N_s}v_{out} = -av_{out} \tag{10-6}$$

これより、励磁インダクタを流れる電流と電圧の関係は次式で表されます。

$$-av_{out} = L_m\frac{di_m}{dt} \tag{10-7}$$

両辺を T_{off} の期間で時間積分すると、インダクタ電流の変化 Δi_{off} は、

$$\Delta i_{off} = -\frac{av_{out}}{L_m}T_{off} \tag{10-8}$$

となります。このとき、Δi_{off} は負の値となり電流が減少していることがわかります。定常状態では、オン時の電流増加 Δi_{on} とオフ時の電流減少 Δi_{off} の大きさが等しくなります。よって、式（10-5）、（10-8）より、

$$\Delta i_{on} = |\Delta i_{off}| = \frac{v_{in}}{L_m}T_{on} = \frac{av_{out}}{L_m}T_{off} \tag{10-9}$$

となり、これを変形すると、

$$v_{out} = \frac{T_{on}}{T_{off}}\frac{v_{in}}{a} = \frac{T_{on}}{T-T_{on}}\frac{v_{in}}{a} = \frac{T_{on}/T}{1-T_{on}/T}\frac{v_{in}}{a} \tag{10-10}$$

と表されます。フライバックコンバータの出力電圧 v_{out} の式は、デューティを用いて、

$$v_{out} = \frac{d}{1-d}\frac{v_{in}}{a} = \frac{d}{1-d}\frac{N_s}{N_p}v_{in} \tag{10-11}$$

と表されます。フライバックコンバータの出力電圧 v_{out} は変圧器の巻数比 a とデューティ d で決まることがわかります。

式（10-11）を昇降圧チョッパの出力電圧の式（9-16）と比較してみると、

10-1 フライバックコンバータ

式（10-11）から巻数比を除くと式（9-16）と同じ式になると思います。フライバックコンバータは、昇降圧チョッパのインダクタを変圧器に変えた回路と見ることができます。昇降圧チョッパでは、入出力電圧の極性が反転していましたが、図10-1で示したフライバックコンバータでは変圧器で極性を変えているため、出力電圧の極性は入力電圧と同じく上側が正となっています。

[例題10-1]

図10-3のフライバックコンバータが、入力電圧 $v_{in}=24$ [V]、デューティ $d=0.6$ で動作しているとする。一次側の巻数 $N_p=30$、二次側の巻数 $N_s=60$ とし、キャパシタ C の静電容量が十分に大きく、変圧器の励磁インダクタンス L_m を流れる電流が常に正の値としたとき、出力電圧 v_{out} を求めなさい[※注]。

[解答]

フライバックコンバータの出力電圧は、

$$v_{out} = \frac{d}{1-d}\frac{N_s}{N_p}v_{in} = 1.5 \times 2 \times 24 = 72 \text{ [V]} \tag{10-12}$$

となります。

答：72 V

[例題10-2]

例題10-1のフライバックコンバータについて、スイッチング周波数 f_{sw} を 100 kHz とし、負荷抵抗 R を 144 Ω とする。このとき、一周期に変圧器が蓄えて放出するエネルギー ΔW を求めよ。

[解答]

負荷の消費電力 P_{out} は、

$$P_{out} = 72 \times \frac{72}{144} = 36 \text{ [W]} \tag{10-13}$$

であるので、一周期に変圧器が蓄えて放出するエネルギー ΔW は、

$$\Delta W = 36 \times \frac{1}{100 \times 10^3} = 360 \times 10^{-6} \text{ [J]} \tag{10-14}$$

となります。

答：360 μJ

※注：図10-3では、変圧器を理想変圧器と励磁インダクタンスで表している。実際の回路に励磁インダクタンスという素子を入れるわけではないので注意すること。

128

10-2 スナバ回路

前節では、フライバックコンバータの変圧器として、理想変圧器に励磁インダクタンスが並列に接続したモデルを用いました。しかし、実際の変圧器には、漏れインダクタンスがあります。一次側に漏れインダクタンス l_a を加えた回路図を図10-6に示します。

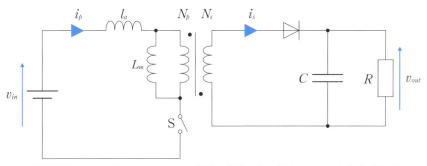

図10-6 変圧器のモデルに一次側の漏れインダクタンスを加えた回路

この回路でスイッチSをオンし、漏れインダクタンス l_a に電流 i_p が流れた後にスイッチSをオフすると、漏れインダクタンス l_a は電流を流し続けようとするため理論的にはスイッチSに無限大の電圧が印加されてしまいます。それを防ぐため、図10-7に示す**スナバ回路**（snubber circuit）を接続します。

スイッチSがオンのとき、スナバ回路のダイオード D_s には逆電圧が印加され電流が流れません。その間、スナバ回路のキャパシタ C_s に蓄えられた電荷が並

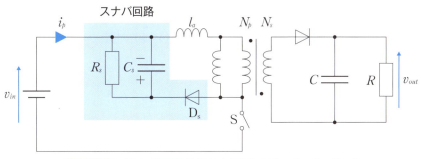

図10-7 スナバ回路を加えたフライバックコンバータ

10-2 スナバ回路

列接続されている抵抗 R_s を介して放電されます。

　次にスイッチSがオフになると、漏れインダクタンス l_a を流れる電流はダイオード D_s を通じてキャパシタ C_s と抵抗 R_s に流れます。このように、スナバ回路を加えることでスイッチオフ時に漏れインダクタンス l_a を流れる電流経路が確保され、スイッチSへの過電圧を防ぐことができます。

[例題10-3]

　図10-7のフライバックコンバータにおいて、スイッチをオフしたときに漏れインダクタンス l_a に流れている電流 I_{max} を3Aとします。漏れインダクタンス l_a を0.1 μHとした場合、漏れインダクタンス l_a に蓄えられているエネルギー W_l を求めなさい。

[解答]

　漏れインダクタンス l_a に蓄えられているエネルギーは、

$$W_l = \frac{1}{2} l_a I_{max}^2 = 0.5 \times 0.1 \times 10^{-6} \times 3^2 = 0.45 \times 10^{-6} \text{ [J]} \qquad (10-15)$$

となります。

答：$W_l = 0.45$ [μJ]

[例題10-4]

　例題10-3において、漏れインダクタンス l_a に蓄えられたエネルギー W_l が、全てスナバ回路の C_s に吸収されたとする。C_s の静電容量1.8 μF、初期電圧0Vとした場合、エネルギー吸収後の C_s の電圧 V_s を求めよ。ただし、D_s での電圧降下および R_s による放電を無視する。

[解答]

　漏れインダクタンスに蓄えられたエネルギーが全て C_s に移るので、

$$\Delta W = \frac{1}{2} C_s V_s^2 = \frac{1}{2} \times 1.8 \times 10^{-6} \times V_s^2 = 0.45 \times 10^{-6} \text{ [J]} \qquad (10-16)$$

より、電圧 V_s は

$$V_s = 0.25 \text{ [V]} \qquad (10-17)$$

となります。

答：0.25 V

130

第10章　フライバックコンバータ

10-3 スイッチング素子の定格

　フライバックコンバータにおいて、スイッチング素子として例えばシリコンの
MOSFET を選択したとします。シリコンの MOSFET には種々の製品があります。選定にあたっては、まずスイッチング素子に印加する最大電圧や最大電流などを理論およびシミュレーションなどから取得する必要があります。その後、それらの値がデータシートに記載されている定格（rating）を超えないように余裕をもって選びます。

　図10-3のフライバックコンバータのスイッチング素子に必要な、ドレイン-ソース間の最大定格電圧について考えてみましょう。まず、回路が動作していない場合、スイッチのドレイン-ソース間には、入力電圧 v_{in} が印加されます。一方、回路が動作している場合、スイッチがオフ時の電圧は、先の入力電圧 v_{in} に加え、出力電圧 v_{out} に変圧比 a を掛けた電圧が変圧器の一次側に加わります。

　よって、入力電圧 v_{in} と電圧 av_{out} の和より大きい定格電圧を持った MOSFET を選ばなければいけません。一般に、想定される最大電圧よりもある程度余裕を持たせた定格電圧の MOSFET を選択します。

　定格には、ドレイン-ソース間電圧以外にも、ゲート-ソース間電圧や、ドレイン電流、ジャンクション温度などがあります。変換器のスイッチング素子が、必ずこれらの定格の範囲内であることを確認しなければなりません。また定格以外にも、安全動作領域（safe operating area、SOA）の範囲内で動作していることも確認する必要があります。

［例題10-5］

　あるフライバックコンバータのスイッチング素子に定格電圧50 V、定格電流10 A のシリコンの MOSFET が使われているとする。この素子を、定格電圧600 V、定格電流10 A のシリコンの MOSFET に変更することによる短所を述べなさい。

［解答］

　定格電流は同じですが、定格電圧が12倍となっています。MOSFET がオン時のドレイン-ソース間の抵抗をオン抵抗と呼び、一般に同じ定格電流の場合、定格電圧が大きいほどn^- 層（ドリフト層）が厚くなり、オン抵抗も大きくなります。オン抵抗が大きくなると導通損失が増えるため、変換器の効率が低下しま

131

10-3 スイッチング素子の定格

す。このように、スイッチング素子の選定では、過剰に大きい定格の素子を選ばないことが求められます。

答：オン抵抗が大きくなり、導通損失が増加する

[例題10－6]

ある電源で使われている MOSFET のスイッチオン時のドレイン－ソース間電圧 v_{DS} とドレイン電流 i_D が図10－8であるとする。この MOSFET の安全動作領域（SOA）が図10－9のとき、時刻①から③までの電圧・電流の軌跡を SOA 上に描け。

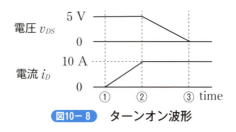

図10－8　ターンオン波形

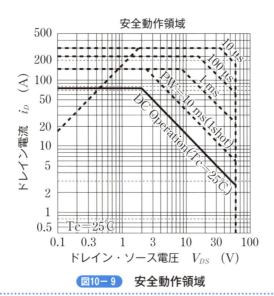

図10－9　安全動作領域

[解答]

時刻①では、ドレイン－ソース間電圧 $v_{DS}=5$ [V]、ドレイン電流 $i_D=0$ [A] なので、図10－10の点①に位置します。その後、v_{DS} は 5 V に保ったまま i_D が増

加し、時刻②において $i_D = 10$ [A] となります。最後に、i_D が 10 A に保ったまま v_{DS} が低下し、時刻③において $v_{DS} = 0$ [V] となりますので、時刻①から③までの SOA 上の軌跡は、点①から③の経路を移動します。これより、スイッチの電圧・電流の軌跡は十分に安全動作領域に入っていることがわかります。ただし、これはケース温度 Tc が25℃のときの SOA であり、温度が高くなると SOA が狭まりますので、温度上昇分しても範囲内にあるように余裕を持つ設計が必要となります。

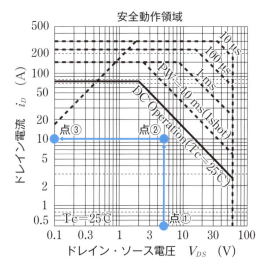

図10−10 ターンオン時のスイッチ電圧・電流の軌跡

答：図10−10

第11章
絶縁型スイッチング
レギュレータ

　前章では、絶縁型スイッチングレギュレータの1つである
フライバックコンバータについて説明しました。本章では、
その他の絶縁型の回路として、フォワードコンバータ、プッ
シュプルコンバータについて説明します。最後に、その他の
絶縁型スイッチングレギュレータの回路を簡単に紹介しま
す。

11-1 フォワードコンバータ

フォワードコンバータ（forward converter）の回路図を図11-1に示します。

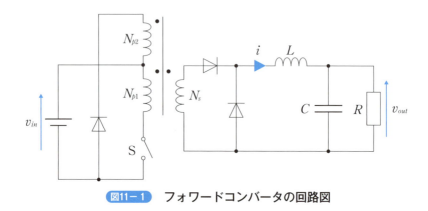

図11-1 フォワードコンバータの回路図

　一次側に2つの巻線がある変圧器が用いられ、二次側の巻線を加えた3つの巻線の極性は同じです。さらに変圧器の二次側の先にはインダクタ L が接続されています。スイッチSと接続している巻線 N_{p1} で変圧器の一次側から二次側に電力を送り、ダイオードと接続している巻線 N_{p2} は変圧器の磁気エネルギーを電圧源 v_{in} に戻す働きをします。

　それでは、フォワードコンバータの動作を説明します。変圧器を理想変圧器と励磁インダクタンス L_m で表した回路を図11-2に示します。

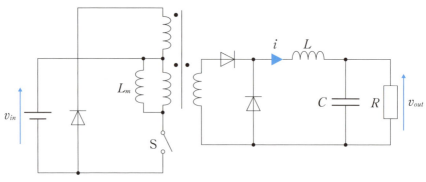

図11-2 変圧器を理想変圧器と励磁インダクタンスで表した回路

まず、スイッチSがオンしている場合について考えます。図11－3にスイッチがオン時の電流経路を示します。

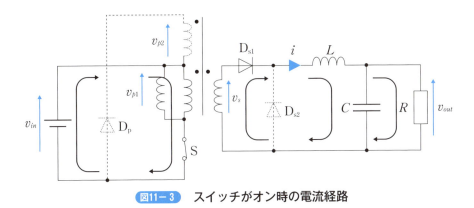

図11－3 スイッチがオン時の電流経路

スイッチがオンのとき、変圧器の一次側電圧 v_{p1} は電圧源 v_{in} の電圧と等しくなります。一次側の2つの巻線の巻数が同じ（$N_{p1}=N_{p2}$）とすると、一次側の巻線 N_{p2} の電圧 v_{p2} は、

$$v_{p2}=v_{p1} \tag{11－1}$$

となり、ダイオード D_p に逆電圧が印加されるので、一次側の巻線 N_{p2} には電流が流れません。二次側電圧 v_s は以下の式で表されます。

$$v_s=\frac{N_s}{N_p}v_{in}=\frac{v_{in}}{a} \tag{11－2}$$

よって v_s は正となり、二次側のダイオード D_{s1} を通じてインダクタ L、キャパシタ C、抵抗 R に電流が流れます。一方、ダイオード D_{s2} には逆電圧が印加されるので電流が流れません。この期間、インダクタ L に流れる電流 i_L が大きくなります。オン時間を T_{on} とすると、インダクタ電流の変化 Δi_{on} は、

$$\Delta i_{on}=\frac{v_s-v_{out}}{L}T_{on} \tag{11－3}$$

と表されます。次に、スイッチがオフ時の電流経路を図11－4に示します。

11-1 フォワードコンバータ

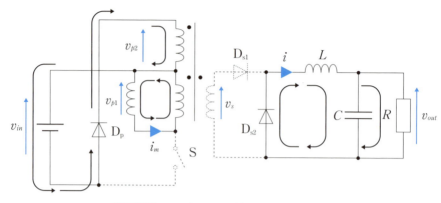

図11-4 スイッチSがオフ時の電流経路

スイッチがオフすると、励磁インダクタンス L_m は電流を流し続けようとしますので、図11-4に示すようにスイッチSから理想変圧器に電流経路が切り替わります。このときの電圧 v_{p1} は、励磁インダクタンスを流れる電流を i_m とすると、

$$v_{p1} = L_m \frac{di_m}{dt} \tag{11-4}$$

と表されます。この巻線 N_{p1} を流れる電流 i_m により生じる磁場を理想変圧器内で打ち消すために、一次側巻線 N_{p2} または二次側巻線 N_s に電流を流す必要があります。巻線 N_s については、ダイオード D_{s1} があるため磁場を打ち消す方向の電流を流すことができません。そのため、巻線 N_{p2} に電流が流れます。巻数 N_{p1} と N_{p2} が同じ場合、アンペアターンの法則から巻線 N_{p2} に流れる電流は、励磁インダクタンスを流れる電流 i_m と同じ値になります。巻線 N_{p2} を流れる電流は電圧源 v_{in} とダイオード D_p を通ります。よって、電圧 v_{p2} は、

$$v_{p2} = -v_{in} \tag{11-5}$$

となるため、オフ時に励磁インダクタンスに流れる電流と電圧の関係式は、

$$v_{p1} = v_{p2} = -v_{in} = L \frac{di_m}{dt} \tag{11-6}$$

となり、次式で示す傾きで電流 i_m は減少します。

$$\frac{di_m}{dt} = -\frac{v_{in}}{L} \tag{11-7}$$

一方、変圧器二次側は、インダクタ L が電流を流し続けようとするため、ダイオード D_{s2} が導通し、キャパシタ C と抵抗 R に電流が流れます。オフ時間を T_{off} とすると、インダクタ電流の変化 Δi_{off} は、

第11章 絶縁型スイッチングレギュレータ

$$\Delta i_{off} = \frac{-v_{out}}{L} T_{off} \tag{11-7}$$

と表されます。このとき、Δi_{off} は負の値となり、オフ時にインダクタ電流が減少することがわかります。定常状態では、オン時の電流増加 Δi_{on} とオフ時の電流減少 Δi_{off} の大きさが等しくなります。よって、式（11-3）、（11-7）より、

$$\Delta i_{on} = |\Delta i_{off}| = \frac{v_s - v_{out}}{L} T_{on} = \frac{v_{out}}{L} T_{off} \tag{11-8}$$

となり、この式を変形し式（11-2）を代入すると、

$$v_{out} = \frac{T_{on}}{T_{on} + T_{off}} v_s = \frac{T_{on}}{T_{sw}} \frac{N_s}{N_p} v_{in} = \frac{T_{on}}{T_{sw}} \frac{v_{in}}{a} \tag{11-9}$$

と表されます。これよりフォワードコンバータの出力電圧の式は、デューティを用いて、

$$v_{out} = d \frac{N_s}{N_p} v_{in} = d \frac{v_{in}}{a} \tag{11-10}$$

と表されます。これより、フォワードコンバータの出力電圧は変圧器の巻数比 a とデューティ d で決まることがわかります。

式（11-10）と降圧チョッパの出力電圧の式（8-17）とを比較してみると、式（8-17）から巻数比を除くと式（11-10）と同じ式になると思います。フォワードコンバータは、入力電圧が変圧器の巻数比に応じて昇圧または降圧されているだけで、変圧器二次側の動作は降圧チョッパと同じです。

［例題11-1］

図11-1のフォワードコンバータが、入力電圧 $v_{in} = 100$ [V]、デューティ $d = 0.4$ で動作しているとする。変圧器の巻数比 a を2とし、キャパシタ C の静電容量が十分に大きく、インダクタ電流 i は常に正の値であるとしたとき、出力電圧 v_{out} を求めなさい。

［解答］

フォワードコンバータの出力電圧は、

$$v_{out} = d \frac{v_{in}}{a} = 0.4 \times \frac{100}{2} = 20 \text{ [V]} \tag{11-11}$$

となります。

答：出力電圧 20 V

139

11-1 フォワードコンバータ

> [例題11-2]
> 図11-1のフォワードコンバータにおいて、変圧器一次側（N_{p1}、N_{p2}）の巻数比aが1のとき、ディーティdの最大値を求めよ。

[解答]

励磁インダクタL_mにかかる電圧v_{p1}と電流i_mの波形を図11-5に示します。巻数比が1なので、スイッチオフの期間にはL_mに$-v_{in}$の電圧がかかり、電流i_mは減少して0になります。このとき、電圧v_{p1}のAとBの面積は等しくなります。もし、Aの面積がBの面積よりも大きくなると電流i_mは一周期で0にならず、スイッチング毎に増加していき、変圧器は飽和してしまいます。よって、AとBの面積が等しくなるためには、オン時間の最大値はスイッチング周期の半分となり、デューティの最大値は0.5となります。

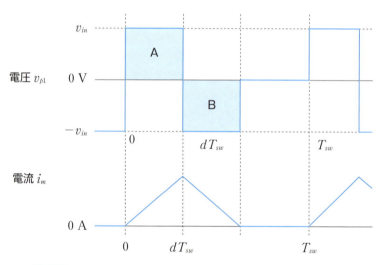

図11-5 励磁インダクタL_mにかかる電圧v_{p1}と電流i_mの波形

答：0.5

11-2 プッシュプルコンバータ

プッシュプルコンバータ（push-pull converter）の回路図を図11-6に示します。

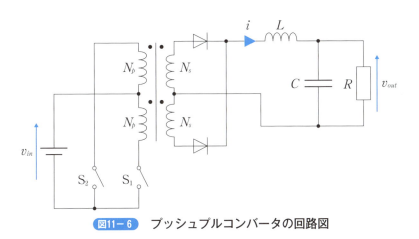

図11-6 プッシュプルコンバータの回路図

スイッチが2個となり、変圧器の一次側と二次側の巻線がそれぞれ2つずつあります。変圧器の二次側はダイオードが接続しており、それより右側はフォワードコンバータと同じ構成です。プッシュプルコンバータの動作を順に説明します。まず、スイッチ S_1 がオンのときの電流経路を図11-7に示します。

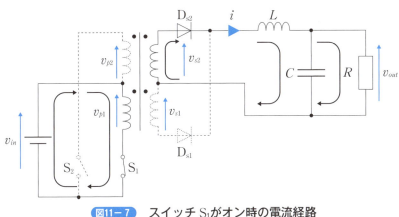

図11-7 スイッチ S_1 がオン時の電流経路

11–2 プッシュプルコンバータ

スイッチ S_1 がオンの場合、変圧器の一次側電圧 v_{p1} は電圧源 v_{in} の電圧と等しくなります。
二次側電圧 v_{s1}、v_{s2} は以下の式で表されます。

$$v_{s1}=v_{s2}=\frac{N_s}{N_p}v_{in}=\frac{v_{in}}{a}=v_s \tag{11-12}$$

よって v_{s1}、v_{s2} は正となり、二次側のダイオード D_{s2} を通じてインダクタ L、キャパシタ C、抵抗 R に電流が流れます。一方、ダイオード D_{s1} には逆電圧が印加されるので電流が流れません。この期間、インダクタ L に流れる電流 i が増加し、オン時間を T_{on1} とすると、インダクタ電流の変化 Δi_{on1} は、

$$\Delta i_{on1}=\frac{v_{s2}-v_{out}}{L}T_{on1} \tag{11-13}$$

と表されます。次に、両方のスイッチがオフ時の電流経路を図11–8に示します。

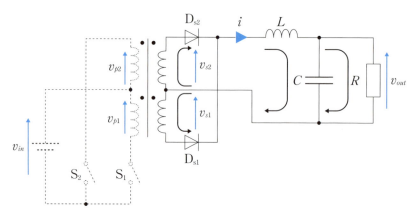

図11–8 スイッチ S_1、S_2 が両方オフ時の電流経路

両方のスイッチがオフしているので一次側に電流は流れません。しかし、二次側のインダクタ L は電流を流し続けようとしますので、二次側の変圧器には図のように変圧器の磁場を打ち消しあうように半分ずつの電流が流れます。このとき、二次側の電圧は、

$$v_{s1}=v_{s2}=0 \tag{11-14}$$

となります。オフ時間を T_{off1} とすると、インダクタ電流の変化 Δi_{off1} は、

$$\Delta i_{off1}=\frac{-v_{out}}{L}T_{off1} \tag{11-15}$$

と表されます。このとき、Δi_{off1}は負の値となり、オフ時にインダクタ電流iが減少することがわかります。その後、スイッチS_1がオフし、スイッチS_2がオンすると図11－9に示す経路で電流が流れます。

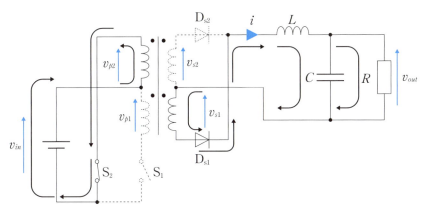

図11－9 スイッチS_2がオン時の電流経路

スイッチS_2がオンの場合、変圧器の一次側電圧v_{p2}は$-v_{in}$となり、二次側電圧v_{s1}、v_{s2}は以下の式で表されます。

$$v_{s1} = v_{s2} = -\frac{N_s}{N_p}v_{in} = -\frac{v_{in}}{a} = -v_s \tag{11-16}$$

よってv_{s1}、v_{s2}は負となり、二次側のダイオードD_{s1}を通じてインダクタL、キャパシタC、抵抗Rに電流が流れます。一方、ダイオードD_{s2}には逆電圧が印加されるので電流が流れません。この期間、インダクタLに流れる電流iが増加し、オン時間をT_{on2}とすると、インダクタ電流の変化Δi_{on2}は、式（11－13）と同様に

$$\Delta i_{on2} = \frac{-v_{s1} - v_{out}}{L} T_{on2} \tag{11-17}$$

と表されます。両方のスイッチがオフする期間では、図11－8と同じ経路で電流が流れます。オフ時間をT_{off2}とすると、インダクタ電流の変化Δi_{off2}は、式（11－15）と同様に

$$\Delta i_{off2} = \frac{-v_{out}}{L} T_{off2} \tag{11-18}$$

と表されます。このとき、Δi_{off2}は負の値となり、オフ時にインダクタ電流が減少することがわかります。定常状態では、オン時の電流増加分とオフ時の電流減

11−2　プッシュプルコンバータ

少分が等しくなります。よって、式（11−13）、（11−15）、（11−17）、（11−18）より、

$$\Delta i_{on} = |\Delta i_{off}| = \frac{v_s - v_{out}}{L} T_{on1} = \frac{v_{out}}{L} T_{off1} = \frac{v_s - v_{out}}{L} T_{on2} = \frac{v_{out}}{L} T_{off2}$$

(11−19)

となり、この式を変形し式（11−12）を代入すると、

$$v_{out} = \frac{T_{on1}}{T_{on1} + T_{off1}} v_s = \frac{T_{on2}}{T_{on2} + T_{off2}} v_s$$

(11−20)

と表されます。ここで、スイッチ S_1、S_2 のデューティ d を、

$$d = \frac{T_{on1}}{T_{on1} + T_{off1} + T_{on2} + T_{off2}} = \frac{T_{on2}}{T_{on1} + T_{off1} + T_{on2} + T_{off2}}$$

$$= \frac{T_{on1}}{2(T_{on1} + T_{off1})}$$

(11−21)

とおくと、プッシュプルコンバータの出力電圧の式は、

$$v_{out} = 2d \frac{N_s}{N_p} v_{in} = 2d \frac{v_{in}}{a}$$

(11−10)

と表されます。これより、プッシュプルコンバータの出力電圧は、フォワードコンバータと同様に変圧器の巻数比とデューティで決まります。プッシュプルコンバータも、変圧器二次側の動作は降圧チョッパと同じです。ただし、二つのスイッチが交互にスイッチングするため、二次側のリアクトル L の電流リプルの周波数はスイッチング周波数の 2 倍となり、二次側のインダクタンスとキャパシタンスを低減できます。

> **［例題11−3］**
>
> 　図11−6 のプッシュプルコンバータが、入力電圧 $v_{in} = 50$ [V]、デューティ $d = 0.4$ で動作しているとする。変圧器の巻数比 a を 2 とし、キャパシタ C の静電容量が十分に大きく、インダクタ電流 i は常に正の値であるとしたとき、出力電圧 v_{out} を求めなさい。

［解答］

プッシュプルコンバータの出力電圧は、

$$v_{out} = 2d \frac{v_{in}}{a} = 2 \times 0.4 \times \frac{50}{2} = 20 \text{ [V]}$$

(11−11)

となります。

答：20 V

144

第11章　絶縁型スイッチングレギュレータ

> ［例題11－4］
> 　図11－6のプッシュプルコンバータで、変圧器の励磁インダクタンス L_m を考慮した場合、スイッチ S_1 がオンした後に L_m を流れている電流 i_m は、スイッチ S_1 がオフ時にどのような経路を流れるか。

［解答］

　わかりやすくするために、変圧器の一次側と二次側の巻数比を1とします。励磁インダクタを流れる電流 i_m は、図11－10に示す経路を流れます。このとき、D_{s2} に逆方向に流れるように見えますが、図11－8で説明したように D_{s2} には L を流れる電流 i の半分の値が流れており、その電流が i_m に比べて大きい場合は D_{s2} の導通に問題ありません。

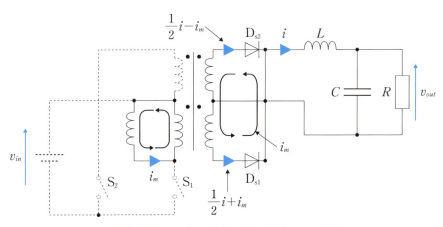

図11－10　スイッチオフ時の電流 i_m の経路

答：図11－10

11-3 他の絶縁型スイッチングレギュレータ

絶縁型スイッチングレギュレータとして、その他の代表的な2つの回路を簡単に紹介します。1つはハーフブリッジコンバータ (half-bridge converter) です。回路を図11-11に示します。

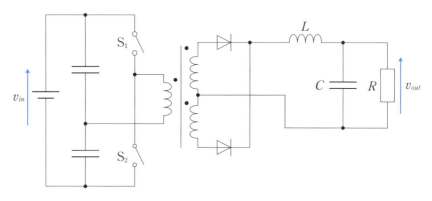

図11-11 ハーフブリッジコンバータの回路図

変圧器の一次側の一端は、2つのスイッチを直列接続した回路の中点に、もう一端は2つのキャパシタを直列に繋げた中点に接続しています。2つのスイッチを交互にオンすることで、変圧器の一次側には入力電圧の半分である $v_{in}/2$ の振幅の電圧が印加されます。

次に、フルブリッジコンバータ (full-bridge converter) を図11-12に示します。

第11章　絶縁型スイッチングレギュレータ

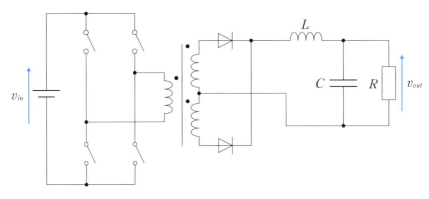

図11-12　フルブリッジコンバータの回路図

　図11-11と比べると、変圧器の一次側のキャパシタがスイッチに置き換わっています。この4つのスイッチをオン・オフさせることにより、変圧器の一次側には直流電圧と同じ v_{in} の振幅の電圧が印加されます。

　本書で紹介した絶縁型スイッチングレギュレータが使われる電力範囲を図11-13に示します。

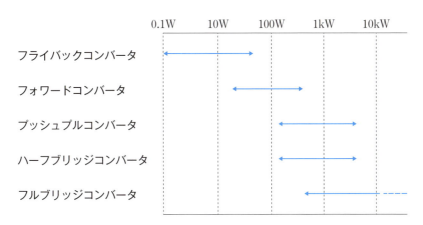

図11-13　各絶縁型スイッチングレギュレータの出力電力

［例題11-5］
　フライバックコンバータが数百ワットより大きい出力が適していない理由を述べなさい。

●　11−3　他の絶縁型スイッチングレギュレータ

[解答]

　フライバックコンバータは、変圧器の一次側に電流を流して磁場を発生させ、変圧器に蓄えられた磁気エネルギーを二次側に送ります。出力電力が大きくなると、1回のスイッチングで蓄える磁気エネルギーが多くなり、変圧器の鉄心を大きくしなければならないため、数百ワットより大きい変換器の回路としてあまり採用されません。

答：変圧器の鉄心が大きくなってしまうため

第12章
制御の基礎

　電源回路は、入力電圧や負荷の変動があっても安定した電圧で電力供給しなければなりません。これを実現するためには、実際の入出力電圧や電流を検出して、デューティを変化させる必要があります。このように、電源回路には制御が不可欠です。本章では、制御の概要と、ラプラス変換、伝達関数、一次遅れについて簡潔に説明します。

12-1 制御とは

　これまで学んだように、電源回路はトランジスタのベース電流やスイッチング素子のデューティを変化させることにより、出力電圧を調整することができました。電源回路は、入力電圧や負荷の変動があっても、これらを適切に調整することによって出力電圧を目標の値に維持しなければなりません。これを実現するためには、まず出力電圧を検出して、目標値（または指令値）（reference）と一致しているか確認する必要があります。また、入力電圧や負荷の変動も検出できれば、より出力電圧を一定にしやすくなります。このように、対象を所望の状態に操作することを制御（control）と呼び、それを数学的に体系化した学問を制御工学（control engineering）と呼びます。制御系（control system）の構成を図12-1に示します。制御系には、制御したい制御対象（controlled object）とそれを制御する制御器（controller）が含まれています。

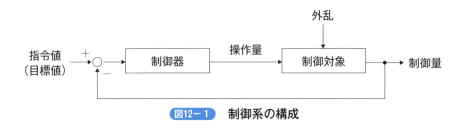

図12-1 制御系の構成

　例として、シリーズレギュレータの制御系を考えてみましょう。図12-2に制御系の構成を示します。このシステムにおいて、出力電圧 v_{out} を指令値 v_{out}^* に制御したいとします。まず、制御量（controlled variable）である出力電圧 v_{out} をフィードバック（feedback）し、指令値と比較します。そして指令値と制御量との差（制御偏差（error））を制御器の入力とし、この差がゼロに近づくように、制御器が操作量（manipulated value）を調整します。この場合、操作量は R_v の抵抗値になります。また、制御対象は回路全体となります。もし、負荷 R が小さくなれば、出力電圧 v_{out} も下がってしまうので、制御器が操作量 R_v を小さくすることで出力電圧を指令値 v_{out}^* に制御します。

第12章　制御の基礎

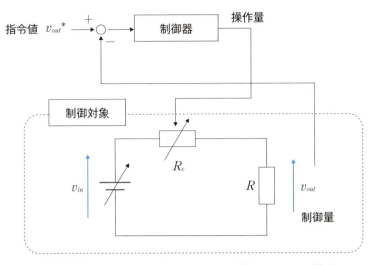

図12-2　シリーズレギュレータの制御システムの構成

　本書では、制御工学の基礎的な内容を簡潔に述べ、電源回路における制御のイメージを掴んでもらうことを目標とします。制御に関する詳細な説明は、制御工学の教科書などを参考にしてください。

[例題12-1]

　図12-3に示すような、上下に蛇口A、Bのある筒があるとします。下の蛇口Bが不規則に開いたり閉まったりして流量 Q_{out} が変化するため、蛇口Aの流量 Q_{in} を調整して筒内の水面の高さを一定に制御しているとき、「制御量」、「操作量」、「外乱」がそれぞれどれに当たるか答えなさい。

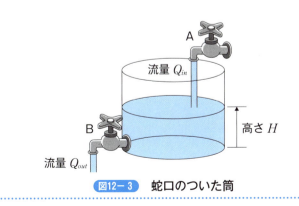

図12-3　蛇口のついた筒

151

12−1 制御とは

[解答]

水面の高さを制御しているので、制御量は高さ H となります。この高さを一定にするための操作量は蛇口 A の流量 Q_{in} です。蛇口 B の流量 Q_{out} は不規則に変化して制御を乱すことから外乱となります。

答：制御量 高さ H、操作量 流量 Q_{in}、外乱 Q_{out}

[例題12−2]

図12−4に2つの電圧源 v_{in}、v_{out} と1つのインダクタ L で構成された回路と制御器を示します。この回路において、インダクタ L を流れる電流 i が指令値 i^* がと一致するように、v_{in} を操作量として制御するとします。この回路の v_{in} と i の関係を回路方程式で表しなさい。

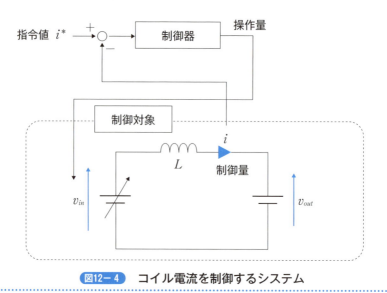

図12−4 コイル電流を制御するシステム

[解答]

図12−4の回路方程式は、

$$v_{in} - v_{out} = L \frac{di}{dt} \quad (12-1)$$

と表されます。このように、回路などを数式で表現したモデルを **数理モデル**（mathematical model）と呼びます。

答：式（12−1）

第12章　制御の基礎

12-2 ラプラス変換

　インダクタおよびキャパシタは、第2章で述べたように電圧と電流の関係式に時間微分を含みます。よって、回路にインダクタまたはキャパシタが接続されている場合、その数理モデルは微分方程式となります。この微分方程式を解く方法として、微分作用素「d/dt」を「s」という変数に変換することで、微分方程式を解く方法があります。この手法を**ラプラス変換**（Laplace transform）と呼び、次式で表します。

$$\mathcal{L}[f(t)] = \int_0^\infty f(t)e^{-st}dt \qquad (12-2)$$

　ラプラス変換することにより、時間 t の微分方程式を変数 s の代数方程式として解くことができます。

［例題12-3］

　式（12-1）をラプラス変換せよ。

［解答］

　まず、左辺をラプラス変換すると、

$$\mathcal{L}[v_{in}(t) - v_{out}(t)] = \int_0^\infty (v_{in}(t) - v_{out}(t))e^{-st}dt$$

$$= \int_0^\infty v_{in}(t)e^{-st}dt - \int_0^\infty v_{out}(t)e^{-st}dt \qquad (12-3)$$

$$= V_{in}(s) - V_{out}(s)$$

となります。ここで、関数 $v_{in}(t)$、$v_{out}(t)$ のラプラス変換をそれぞれ $V_{in}(s)$、V_{out} としています。次に、右辺をラプラス変換します。部分積分を用いて、

$$\mathcal{L}\left[L\frac{di(t)}{dt}\right] = \int_0^\infty L\frac{di(t)}{dt}e^{-st}dt$$

$$= L[i(t)\mathrm{e}^{-st}]_0^\infty - L\int_0^\infty i(t)(-se^{-st})dt \qquad (12-4)$$

$$= -Li(0) + sLI(s)$$

となります。ここで、関数 $i(t)$ のラプラス変換を $I(s)$ としています。よって、式（12-1）のラプラス変換は次式で表されます。

$$V_{in}(s) - V_{out}(s) = sLI(s) - Li(0) \qquad (12-5)$$

153

●12−2 ラプラス変換

答：式（12−5）

　実際にラプラス変換を用いて微分方程式を解く際は、上記のようにラプラス変換の式（12−2）を用いて計算するのではなく、表12−1に示すラプラス変換表や表12−2に示すラプラス変換の公式を覚えて計算を行います。

表12−1　初等関数のラプラス変換表

$f(t)$	$F(s)$
1	$\dfrac{1}{s}$
t	$\dfrac{1}{s^2}$
t^n	$\dfrac{n!}{s^{n+1}}$
e^{-at}	$\dfrac{1}{s+a}$
$\sin \omega t$	$\dfrac{\omega}{s^2+\omega^2}$
$\cos \omega t$	$\dfrac{s}{s^2+\omega^2}$

表12−2　ラプラス変換の公式

	$f(t)$	$F(s)$
線形定理	$af_1(t)+bf_2(t)$	$aF_1(s)+bF_2(s)$
推移定理	$e^{-at}f(t)$	$F(s+a)$
導関数のラプラス変換	$\dfrac{df(t)}{dx}$	$sF(s)-f(0)$
積分関数のラプラス変換	$\displaystyle\int_0^t f(t)dt$	$\dfrac{F(s)}{s}$

第12章　制御の基礎

[例題12－4]

次の関数のラプラス変換を求めよ。

（1）t^2+3t-4

（2）$e^{-2t}\cos 3t$

（3）$\displaystyle\int_0^t t\,dt$

[解答]

表12－1、表12－2を用います。（1）は線形定理より

$$\mathcal{L}[t^2+3t-4]=\mathcal{L}[t^2]+\mathcal{L}[3t]-\mathcal{L}[4]=\frac{2}{s^3}+\frac{3}{s^2}-\frac{4}{s} \quad (12-6)$$

となります。（2）は推移定理を用いて、

$$\mathcal{L}[e^{-2t}\cos 3t]=\frac{s+2}{(s+2)^2+9} \quad (12-7)$$

となります。（3）は積分関数より

$$\mathcal{L}\left[\int_0^t t\,dt\right]=\frac{1}{s}\mathcal{L}[t]=\frac{1}{s^2} \quad (12-8)$$

と求められます。

答：（1）式（12－6）、（2）式（12－7）、（3）式（12－8）

[例題12－5]

次の関数の逆ラプラス変換を求めよ。

（1）$\dfrac{2}{s+5}$

（2）$\dfrac{12}{s^2+16}$

（3）$\dfrac{10s+22}{s^2+4s+3}$

[解答]

逆ラプラス変換とは、ラプラス変換と逆に s の関数を t の関数に変換することです。逆ラプラス変換にも式がありますが、一般には表12－1、表12－2の変換公式を覚えて解きます。

（1）は推移定理より

155

● 12-2　ラプラス変換

$$\mathcal{L}\left[\frac{2}{s+5}\right]=2\mathcal{L}\left[\frac{1}{s+5}\right]=2e^{-5t} \qquad (12-9)$$

となります。（2）は $\sin\omega t$ の形となるようにして、

$$\mathcal{L}\left[\frac{12}{s^2+16}\right]=3\mathcal{L}\left[\frac{4}{s^2+16}\right]=3\sin(4t) \qquad (12-10)$$

となります。（3）は部分分数分解して

$$\mathcal{L}\left[\frac{3s+7}{s^2+4s+3}\right]=\mathcal{L}\left[\frac{2}{s+1}+\frac{1}{s+3}\right]=2e^{-t}+e^{-3t} \qquad (12-11)$$

と求められます。

答：（1）式（12-9）、（2）式（12-10）、（3）式（12-11）

156

12-3 伝達関数とブロック線図

図12-5にインダクタ L [H] と抵抗 R [Ω] が直列接続した回路を示します。この回路において、入力を $v_{in}(t)$ [V]、出力を $v_{out}(t)$ [V] とします。

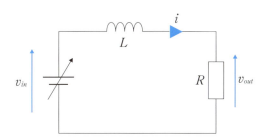

図12-5 インダクタ L と抵抗 R の直列回路

この回路方程式は、

$$v_{in}(t) - Ri(t) = L \frac{di(t)}{dt} \tag{12-12}$$

と表されるので、両辺をラプラス変換すると、

$$V_{in}(s) - RI(s) = sLI(s) - Li(0) \tag{12-13}$$

となります。この式を用いて出力 $V_{out}(s)$ を表すと、

$$V_{out}(s) = RI(s) = \frac{R}{R+sL} V_{in}(s) + \frac{RL}{R+sL} i(0) \tag{12-14}$$

となります。この式の第1項は、入力 $V_{in}(s)$ が出力 $V_{out}(s)$ に影響する項で、第2項は、電流の初期値の影響を表しています。制御器を設計する際には、操作量と外乱が制御量にどのように影響するかに注目するため、初期値をゼロとして入力と出力の比を求めると、

$$\frac{V_{out}(s)}{V_{in}(s)} = \frac{R}{R+sL} \tag{12-15}$$

となります。この入出力信号の比率を伝達関数（transfer function）と呼びます。この入出力の関係を図で表すために、信号を矢印、伝達関数を四角形のブロックとして表した図をブロック線図（block diagram）と呼びます。図12-6に式（12-15）のブロック線図を示します。

12-3 伝達関数とブロック線図

図12−6 入出力電圧のブロック線図

[例題12−6]
　図12−4の制御対象のブロック線図を描きなさい。

[解答]
　図12−4の回路方程式をラプラス変換し式（12−5）を得ました。式（12−5）を変形すると、

$$I(s) = \frac{1}{sL} V_{in}(s) - \frac{1}{sL} V_{out}(s) + \frac{1}{s} i_L(0) \qquad (12-16)$$

となります。この式の第1項は、操作量 $V_{in}(s)$ が制御量 $I_L(s)$ に影響する項を、第2項は外乱 $V_{out}(s)$ が制御量 $I(s)$ に影響する項を、第3項は、電流の初期値の影響を表しています。初期値をゼロとすると、式（12−16）は、

$$I(s) = \frac{1}{sL} V_{in}(s) - \frac{1}{sL} V_{out}(s) = \frac{1}{sL} (V_{in}(s) - V_{out}(s)) \qquad (12-17)$$

と表されます。これより、求めるブロック線図は図12−7となります。

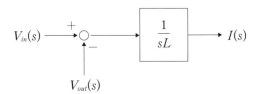

図12−7 制御対象のブロック線図

答：図12−7

12-4 一次遅れの伝達関数

式（12-15）の伝達関数を $G(s)$ とし、この伝達関数の分母と分子を R で割ると、

$$G(s) = \frac{R}{R+sL} = \frac{1}{1+s(L/R)} \tag{12-18}$$

となります。ここで、

$$T = \frac{L}{R} \tag{12-19}$$

とおくと、式（12-12）は

$$G(s) = \frac{1}{1+sT} \tag{12-20}$$

と表されます。この伝達関数を**一次遅れ**（first order lag）と呼びます。また、T を**時定数**（time constant）と呼びます。

例として、時定数 T が、

$$T = \frac{L}{R} = 1 \quad [\text{s}] \tag{12-21}$$

の回路において、時刻 $0\,\text{s}$ で、入力電圧 v_{in} を $10\,\text{V}$ から $20\,\text{V}$ に階段状に変化させた場合の出力電圧 v_{out} の波形を図12-8に示します。このような階段状の変化を**ステップ変化**（step variation）と呼び、ステップ変化に対する応答を**ステップ応答**（step response）と呼び、ステップ変化に対して少し遅れて追従していることがわかります。このとき、時定数である $1\,\text{s}$ において、ステップ変化の約 63.2% に達します。また、時定数の 3 倍の $3\,\text{s}$ では、ステップ変化の約 95% に達します。このように時定数を知ることで、入力の変化に対する応答時間を知ることができます。

12-4 一次遅れの伝達関数

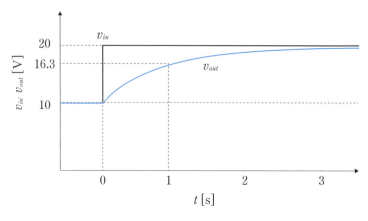

図12-8 出力電圧の時間変化

[例題12-7]

抵抗 R [Ω] とキャパシタ C [F] が直列接続した回路を図12-9に示す。この回路の入力電圧 v_{in} と出力電圧 v_{out} の間の伝達関数が一次遅れで表されることを示しなさい。また、そのときの時定数を求めなさい。

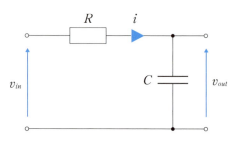

図12-9 抵抗 R とキャパシタ C の直列回路

[解答]

まず、入力電圧 v_{in} と出力電圧 v_{out} について以下の式が成り立ちます。

$$v_{in} = Ri + v_{out} \tag{12-22}$$

次に、キャパシタ C の電圧と電流の関係は、

$$i = C\frac{dv_{out}}{dt} \tag{12-23}$$

と表され、v_{out} の初期値をゼロとして両辺をラプラス変換すると、

$$I(s) = sCV_{out}(s) \tag{12-24}$$

となります。式（12−22）の両辺をラプラス変換して、式（12−24）を代入すると、

$$V_{in}(s) = (1 + sCR)\,V_{out}(s) \qquad (12-25)$$

となり、入力電圧と出力電圧の間の伝達関数は次式のように一次遅れで表されます。

$$V_{out}(s) = \frac{1}{1 + sCR}\,V_{in}(s) \qquad (12-26)$$

また、伝達関数より時定数は $CR\,[\mathrm{s}]$ で表されることがわかります。

<u>答：時定数 $CR\,[\mathrm{s}]$</u>

第13章
降圧チョッパの制御

　本章では、変換器の制御について、降圧チョッパを用いて説明します。まず、制御対象である降圧チョッパのブロック線図を導出します。次に、降圧チョッパのインダクタを電流の制御について説明します。最後に、出力電圧を指令値に追従させる制御について述べます。

13-1 降圧チョッパのブロック線図

　降圧チョッパの回路図を図13－1に示します。ここで、キャパシタCの静電容量が十分に大きいとして、出力電圧v_{out}は一定であるとみなします。また、インダクタ電流iは常に流れている（$i>0$）とします。

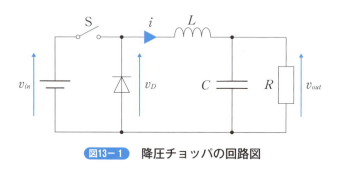

図13－1　降圧チョッパの回路図

　第8章で述べたように、降圧チョッパはスイッチSがオンのときとオフのときで電流経路が切り替わります。この切り替わりは、図13－2に示すように、ダイオード電圧v_Dを矩形波出力の電圧源に置き換えると、スイッチがオン時にv_{in}、オフ時にゼロを出力する回路と等価になります。

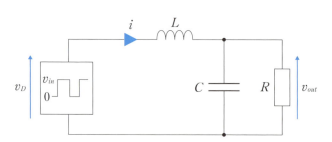

図13－2　矩形波出力の電圧源で表現した降圧チョッパ

　さらに、インダクタLを流れる電流iのスイッチングに起因する交流成分（リプル）を無視し、直流成分のみを考えると、図13－3に示すように平均電圧v_{avg}を入力電圧波とする回路で表すことができます。

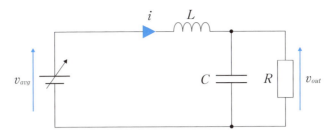

図13-3 スイッチングリプルを無視した降圧チョッパ

図13-3で与えられる降圧チョッパのモデルを平均モデル（averaged model）と呼びます。平均電圧 v_{avg} は、

$$v_{avg} = dv_{in} \tag{13-1}$$

で表されます。平均電圧 v_{avg} が一定で定常状態の場合、電流の時間変化が無くインダクタ L の電圧降下はゼロであるため、

$$v_{avg} = v_{out} = dv_{in} \tag{13-2}$$

となり、降圧チョッパの出力電圧の式（8-17）を満たしていることがわかります。

この平均モデルを用いてブロック線図を導出します。負荷電圧 v_{out} を用いて回路方程式を立てると、

$$v_{avg} - v_{out} = dv_{in} - v_{out} = L\frac{di}{dt} \tag{13-3}$$

となります。この式は、前章の式（12-1）と同じ形であり、例題12-3と同様にラプラス変換を用いてブロック線図を描くと図13-4と表されます。

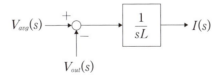

図13-4 式（13-3）をもとにしたブロック線図

さらに、制御対象の入力をデューティ d、出力をインダクタ電流 i とすると、式（13-1）より、降圧チョッパのブロック線図は図13-5で表されます。ここで、デューティ $d(t)$ のラプラス変換を $D(s)$、入力電圧 v_{in} のラプラス変換を $V_{in}(s)$ としています。

● 13-1 降圧チョッパのブロック線図

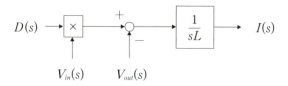

図13-5 降圧チョッパのブロック線図

[例題13-1]
　図13-3において負荷抵抗Rが一定であるとして、インダクタ電流$I(s)$と負荷電圧$V_{out}(s)$の関係式をキャパシタCと抵抗Rを用いて導出しなさい。また、この結果を図13-5のブロック線図に加えなさい。

[解答]
　キャパシタCを流れる電流をi_Cとし、抵抗Rを流れる電流をi_Rとおくと、インダクタ電流iは、

$$i = i_C + i_R = C\frac{dv_{out}}{dt} + \frac{v_{out}}{R} \tag{13-4}$$

と表されます。上式を、電圧v_{out}の初期値をゼロとしてラプラス変換し変形すると、

$$V_{out}(s) = \frac{R}{1+sCR} I(s) \tag{13-5}$$

となります。これを用いて求めるブロック線図を図13-6に示します。

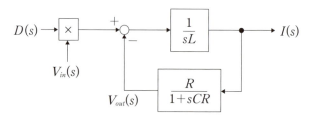

図13-6 キャパシタCと抵抗Rも含めた降圧チョッパのブロック線図

答：式（13-5）、図13-6

[例題13－2]

図13－3の回路図にインダクタの等価直列抵抗 r を加えた回路を図13－7に示す。この等価直列抵抗を考慮した場合の降圧チョッパのブロック線図を求めよ。

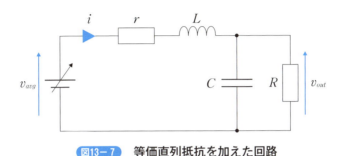

図13－7 等価直列抵抗を加えた回路

[解答]

等価直列抵抗を含めたインダクタの回路方程式は、

$$v_{avg} - v_{out} = dv_{in} - v_{out} = ri + L\frac{di}{dt} \tag{13-6}$$

となります。電流の初期値をゼロとしてラプラス変換すると、

$$DV_{in}(s) - V_{out}(s) = rI(s) + sLI(s) \tag{13-7}$$

より、ブロック線図は図13－8のように表されます。

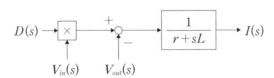

図13－8 等価直列抵抗を加えたブロック線図

答：図13－8

13-2 降圧チョッパの電流制御

図13-5よりデューティdを調整することにより、インダクタ電流iを制御できることがわかります。それでは、デューティdを操作量として、インダクタ電流iの制御ブロックを考えてみましょう。例えば、比例制御（proportional control）を用いた図13-7に示す制御ブロックが考えられます。

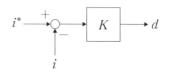

図13-9 比例制御を用いた電流制御

比例制御とは、電流指令値i_{ref}と検出値iとの差をとって、その値に比例ゲイン（proportional gain）Kを乗じる制御です。この比例制御の出力をそのままデューティdとしたものが図13-9の制御ブロックです。この制御ブロックはシンプルですが、入力電圧v_{in}や出力電圧v_{out}が含まれていません。そのため、それらの変動に対応できません。電源回路は入力電圧や出力電圧に変動が生じても、仕様の範囲内であれば出力電圧を一定に制御する必要があります。そこで、入力電圧と出力電圧の値を検出してフィードフォワードした制御ブロックを図13-10に示します。この制御ブロックにおいて、比例制御の出力はインダクタLの電圧降下を想定しています。

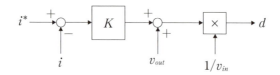

図13-10 入力電圧v_{in}や出力電圧v_{out}を含んだ電流制御

[例題13-3]
　図13-10の制御ブロックを用いることで、なぜ入力電圧v_{in}や出力電圧v_{out}の変動による影響を取り除くことができるか説明しなさい。

[解答]

図13−10をラプラス変換したブロック線図を図13−11に示します。

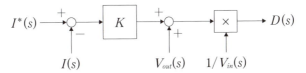

図13−11 ラプラス変換した電流制御のブロック線図

図13−11に制御対象（図13−5）を加えたシステム全体のブロック線図を図13−10に示します。

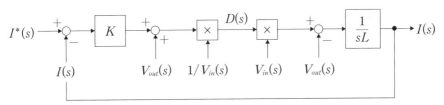

図13−12 制御対象を含めたシステム全体のブロック線図

図13−12より、デューティ$D(s)$の前後で入力電圧$V_{in}(s)$が打ち消し合っていることがわかります。また、出力電圧$V_{out}(s)$も制御で加えた値が制御対象で相殺されます。このように、制御対象の外乱である入力電圧$V_{in}(s)$、出力電圧$V_{out}(s)$を制御ブロックでフィードフォワードすることで、外乱の影響を除くことができます。相殺後のブロック線図を図13−13に示します。

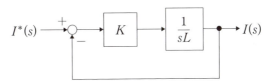

図13−13 簡単化したシステム全体のブロック線図

<u>答：制御対象の図13−12に示すように、制御対象の外乱の影響を除くことができるため</u>

13-3 制御の時定数

図13-13のブロック線図のゲインとインダクタ L に関する伝達関数を1つにまとめると、図13-14に示すブロック線図となります。

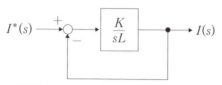

図13-14 システム全体のブロック線図

このブロック線図の入力と出力の関係を式で表すと、

$$\frac{K}{sL}(I^*(s) - I(s)) = I(s) \tag{13-8}$$

となり、これを変形すると次式が得られます。

$$I(s) = \frac{1}{1 + s\dfrac{L}{K}} I^*(s) \tag{13-9}$$

これをブロック線図で表すと図13-15となります。この伝達関数は一次遅れを表しています。

図13-15 一次遅れで表したシステムのブロック線図

このように、降圧チョッパのインダクタ電流は、図13-10の制御を用いることにより、指令値から一次遅れで追従することがわかります。ここで、時定数を T とおくと、

$$T = \frac{L}{K} \tag{13-10}$$

と表されます。よって、比例制御のゲインが大きいほど、またはインダクタンス

第13章　降圧チョッパの制御

L が小さいほど制御時定数が短くなります。

[例題13－4]

　図13－1の降圧チョッパについて、図13－11の電流制御を適用したとする。スイッチング周波数が20 kHzで、インダクタンス $L=0.005$ [H] とする。制御時定数をスイッチング周期 T_{sw} の10倍で設計した場合、比例制御のゲイン K の値を求めなさい。

[解答]

　まず、スイッチング周期 T_{sw} を求めると、

$$T_{sw}=\frac{1}{20\times10^3}=50\times10^{-6} \quad [\text{s}] \tag{13-11}$$

となります。式（13－10）より、この10倍が制御時定数 T となるようにゲインを求めると、

$$K=\frac{L}{T}=\frac{L}{10\,T_{sw}}=\frac{0.005}{50\times10^{-6}\times10}=10 \tag{13-12}$$

となります。

答：$K=10$

171

第**14**章
太陽電池に適用する昇圧チョッパ

　本章では、太陽電池からなるべく多くの電力を取り出す回路について昇圧チョッパを用いて説明します。まず、太陽電池の特性について説明します。次に、多くの電力を取り出すための最大電力追従（MPPT）について説明します。最後に、昇圧チョッパを用いた MPPT 制御について説明します。

14-1 太陽電池の特性

電源回路は、なるべく一定の出力電圧（または電流）を負荷に供給することが目的です。この場合、出力側の電圧（または電流）を制御しますが、電源回路を用いて入力側の電流や電圧を調整することも可能です。本章では、この機能を用いて太陽電池からなるべく多くの電力を取り出す回路について説明します。

まず、太陽電池の特性について説明します。太陽電池の電圧と電流の特性を求めるために、図14-1のように太陽電池と可変抵抗 R_v が直列接続した回路を考えます。

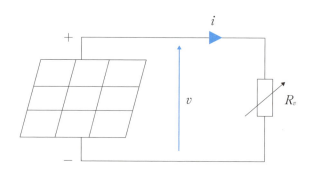

図14-1　太陽電池の出力に可変抵抗を接続した回路

この回路において可変抵抗 R_v を変化させた場合、太陽電池の出力電圧 v と出力電流 i はどのような特性を示すでしょうか。図14-2に太陽電池の電圧と電流の特性を示します。この曲線を **IV 曲線**（I-V curve）と呼びます。まず、抵抗が非常に大きいとき、電流 i は流れず太陽電池の出力端は開放していると見なせます。このときの電圧 v は太陽電池自身の特性と、日射量や温度などの外的要因によって決まります。このように、太陽電池の出力が開放されて電流が流れていないときの電圧 v_o を **開放電圧**（open circuit voltage）と呼び、図14-2におけるAが動作点となります。

次に、抵抗値を下げていき電流を流し始めます。動作点がBまでくると、抵抗を下げても電流の値はあまり変わらなくなり、太陽電池は電流源のような動作をします。

最終的に、抵抗値がゼロになったときの動作点がCになります。これは、太

陽電池の出力端を短絡させているのと等価です。このときの電流 i_s を **短絡電流**（short circuit current）と呼びます。

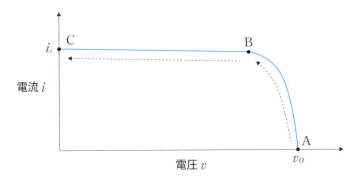

図14－2 太陽電池の電圧と電流の特性（IV曲線）と動作点の軌跡

　太陽電池パネルの温度やパネルに当たる日射量が変化すると、開放電圧 v_o や短絡電流 i_s も変化します。パネル温度が変化したときのIV曲線の変化を図14－3に示します。シリコンの太陽電池は、一般にパネル温度が高くなると、開放電圧が低くなります。次に、日射量が変化したときのIV曲線の変化を図14－4に示します。シリコンの太陽電池は、一般に日射量が多くなると、短絡電流が大きくなります。

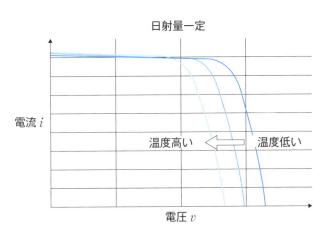

図14－3 パネル温度による太陽電池のIV曲線の変化

14−1 太陽電池の特性

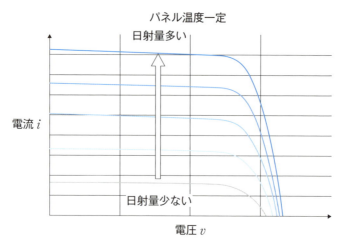

図14−4 パネル温度による太陽電池のIV曲線の変化

> [例題14−1]
> 太陽電池のIV曲線（図14−2）をもとに、太陽電池の出力電圧 v と出力電力 p の特性の概形を描きなさい。

[解答]

太陽電池の出力電圧 v と出力電力 p の特性を図14−5に示します。この曲線は **PV曲線**（P−V curve）とも呼ばれます。

図14−2の動作点Cでは、太陽電池から電流は出力されていますが、出力電圧はゼロですので、太陽電池からの出力電力 p もゼロです。次に、動作点Cから B まで出力電流はおおよそ一定ですので、出力電力 p は電圧に比例して上がっていきます。動作点 B を過ぎると電圧が上がっても電流が急激に減少していきます。そして、動作点 A では出力電流がゼロとなり、出力電力 p もゼロとなります。

このように、PV曲線は山なりとなり、一番出力電力の大きい動作点が存在することがわかります。

第14章 太陽電池に適用する昇圧チョッパ

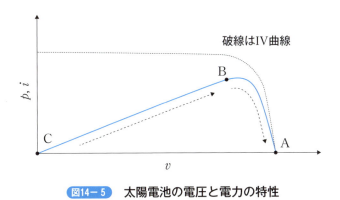

図14−5 太陽電池の電圧と電力の特性

答：図14−5

14-2 最大電力点追従（MPPT）

図14-6に、太陽電池と電圧源 v が接続された回路と、電圧源 v を変化させたときのIV曲線とPV曲線を示します。太陽電池の出力電力は電圧 v によって変化し、電圧 v_{peak} の動作点Pにて最大電力 p_{peak} を取るとします。

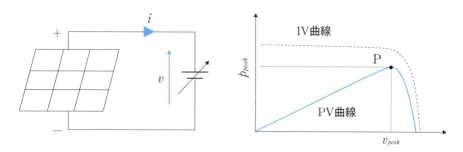

図14-6 太陽電池と電圧源 v の直列回路と出力特性

この最大電力を出力する点Pを**最大電力点**（maximum power point）と呼びます。PV曲線は、太陽電池の日射量やパネル温度などによって時々刻々と変化します。太陽電池から常に最大の電力を取り出すためにはこの最大電力点で動作させる必要があります。この最大電力点を追いかけて動作することを**最大電力点追従**（maximum power point tracking）または英語の頭文字を取って **MPPT** と呼びます。MPPTにはさまざまな方法が提案されていますが、本節ではもっともシンプルなMPPTとして**山登り法**（perturb and observe algorithm）を紹介します。

図14-7に山登り法のイメージを示します。初めに点Aで動作しているとします。ここから最大電力点を探すために、電圧源 v の電圧を Δv 下げます（矢印①）。すると、動作点はBに移ります。すると、先ほどの点Aよりも出力電力が下がってしまいます。これより、電圧を下げると電力が下がることがわかるので、次は電圧を Δv 上げます（矢印②）。すると、再び点Aに戻ります。続けて電圧を Δv 上げると点Cに移ります（矢印③）。点Cでは、点Aよりも出力電力が大きくなったので、さらに続けて電圧を Δv 上げて点Dに移ります（矢印④）。この点Dがおおよそ最大電力点に近いことが図14-6からわかります。しかし、電圧源 v から見るとPV曲線はわかりませんので、さらに続けて電圧を

Δv 上げて点 E に移ります（矢印⑤）。すると、出力電力が下がることがわかりましたので、電圧を Δv 下げて点 D に戻ります（矢印⑥）。このようにして、PV 曲線の山を登るように最大電力点を探す方法を山登り法と呼びます。ちなみに、以降の動作は、点 D →点 C →点 D →点 E →点 D …と、最大電力点の近傍で常に動作点が変わります。図14－6ではわかりやすくするために Δv を大きく取っていますが、この値を小さくすることでより小刻みに最大電力点を探すことができます。

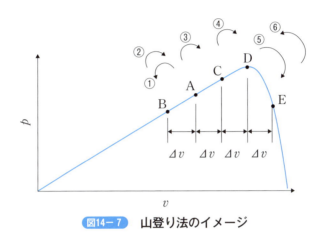

図14－7 山登り法のイメージ

[例題14－2]
図14－6の回路において、山登り法を用いて電圧源 v の電圧を Δv の刻みで変化させる場合、この MPPT のフローチャートを描きなさい。

[解答]
フローチャートを図14－8に示します。

● 14−2 最大電力点追従（MPPT）

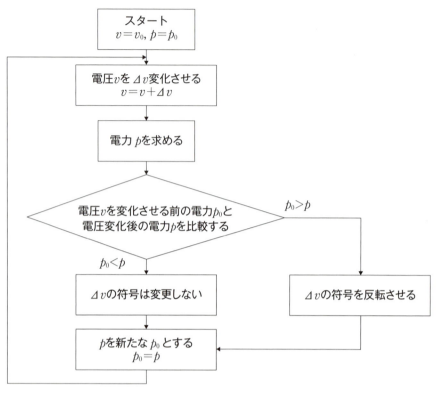

図14−8 山登り法を用いた MPPT のフローチャート

答：図14−8

14-3 昇圧チョッパを用いたMPPT制御

　住宅の屋根に設置されている家庭用の太陽電池は、パワーコンディショナ（power conditioner）を介して電力システムと連系しています。パワーコンディショナは図14-9に示すように、昇圧チョッパと直流を交流に変換するためのインバータ（inverter）で構成されています。

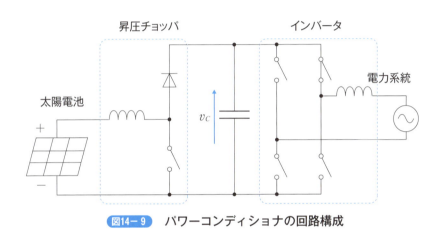

図14-9　パワーコンディショナの回路構成

　昇圧チョッパは、太陽電池の出力電圧を昇圧するだけでなく、MPPTを行う役割を担っています。また、インバータは、直流を交流に変換するだけでなく、直流電圧 v_C を一定にする役割を担っています。このとき、平滑キャパシタから電力系統までを電圧源 v_C で模擬し、図14-10に示す回路を用いて昇圧チョッパによるMPPTを考えます。

14-3 昇圧チョッパを用いた MPPT 制御

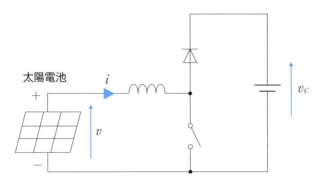

図14-10 平滑キャパシタより右側を電圧源で模擬した回路

第9章で述べたように、昇圧チョッパの入出力電圧の関係式はデューティ d を用いて、

$$v_C = \frac{1}{1-d} v \qquad (14-1)$$

と表されます。これより、昇圧チョッパの入力電圧（太陽電池の出力電圧）v を昇圧チョッパの出力電圧 v_C とデューティ d で表すと、

$$v = (1-d)v_C = -v_C d + v_C \qquad (14-2)$$

と表されます。よって、出力電圧 v_C が一定であるとすると、入力電圧 v はデューティ d に比例して変化することがわかります。デューティ d を大きくすると入力電圧 v は低くなり、デューティ d を小さくすると入力電圧 v は高くなります。これより、昇圧チョッパのデューティ d を変化させることによって、太陽電池の出力電圧（昇圧チョッパの入力電圧）v を変化できるため、MPPT 制御が可能となります。

[例題14-3]
　図14-10の回路において、山登り法を用いてデューティを Δd の刻みで変化させる場合、この MPPT のフローチャートを描きなさい。

[解答]
　フローチャートを図14-11に示します。

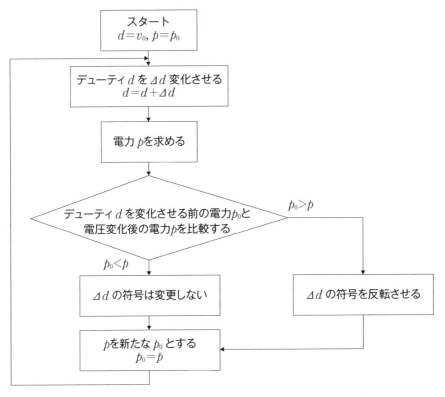

図14−11 山登り法を用いた MPPT のフローチャート

答：図14−11

付録 コンセントの形状

　コンセントには、表A−1に示すように電圧・電流に応じてさまざまな形状があります。200 Vのコンセントは、消費電力の大きいエアコンやIHクッキングヒータで使われています。200 Vを使うことで、同じ電力では100 Vに対して電流が半分となります。表A−1では、200 Vと100 Vでコンセントとプラグの形状が異なっています。さらに、同じ電圧にも関わらず、電流によっても形状が異なっています。なぜ、電圧や電流に対して形状を変える必要があるのでしょうか。

表A−1　プラグとコンセントの形状

	電圧：100V 電流：15A	電圧：100V 電流：20A	電圧：200V 電流：15A	電圧：200V 電流：20A
プラグ形状				
コンセント形状				

　まず、100 Vと200 Vの電圧によるコンセントとプラグの形状の違いですが、100 Vの家電機器を誤って200 Vに接続してしまい、故障することを防ぐためです。

　次に、電流による違いですが、コンセントの裏側には電線があり、その先は図A−1に示す「分電盤」に繋がっています。分電盤の中には、各コンセントや照明などに対応してブレーカ（遮断器）が接続されています。ブレーカに表示されている電流は定格電流で、もしこの値を超える電流が一定の時間以上流れると、ブレーカがオフします。そのため、消費電力の大きい家電機器は専用のコンセン

トにしか接続できないようになっています。また、分電盤からコンセントまでの電線にも定格電流があります。この電線に大電流が流れ続けて火災の原因となることを防ぐ目的もあります。

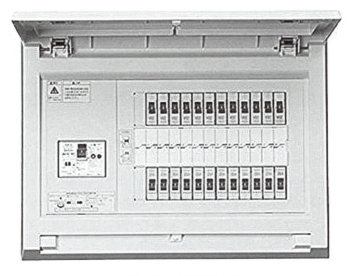

図A-1 家庭用分電盤

索 引

数字

3 -terminal regulator	77

A

AC	10
AC adapter	80
ACアダプタ	10, 80
alternating current	10
Ampere's right hand rule	28
averaged model	165

B

bandgap	93
band-gap reference circuit	69
bidirectional chopper	118
bipolar device	89
block diagram	157
boost chopper	87, 110
buck-boost chopper	87, 114
buck chopper	87, 96

C

capacitance	26
capacitor	26
capacitor input type rectifier	46
carrier wave	106
comparator	106
control	150
control engineering	150

controlled

controlled object	150
controlled variable	150
controller	150
control system	150
cupper loss	34
current gain	55
current source	29

D

Darlington transistor	75
dead time	121
diode	40
direct current	10
duty cycle	85

E

effective value	40
efficiency	20
error	150

F

feedback	150
first order lag	159
flux linkage	28
flyback converter	124
forward converter	136
freewheeling diode	121
full-bridge converter	146
full wave rectifier	43

索 引

G

gate driver 89

H

harf-bridge converter 146
half wave rectifier 40

I

ideal 22
ideal switch 90
ideal transformer 34, 125
IGBT 89
imaginary short 59
inductor 28
input impedance 58
insulated-gate bipolar transistor 89
inverter 16, 181
inverting amplifier 59
iron loss 34, 125
isolated type 21, 87
I-V curve 174
IV 曲線 174

L

Laplace transform 153
LDO レギュレータ 78
leakage inductance 125
linear regulator 17
load 10
Low-dropout regulator 78

M

magnetizing inductance 125

manipulated value 150
mathematical model 152
maximum power point 178
maximum power point tracking 178
metal-oxide-semiconductor field-effect
  transistor 89
modulation wave 106
MOSFET 32, 89
MPPT 178

N

non-isolated type 21, 87

O

open circuit voltage 174
operational amplifier 58
output inpedance 58

P

perturb and observe algorithm 178
power conditoner 181
power supply 10
primary side 124
proportional control 168
proportional gain 168
pulse width modulation 105
push-pull converter 141
P-V curve 176
PV 曲線 176
PWM 105

R

rating 11, 131

187

rectification	40		**U**	
rectifier	40	unipolar device		89
reference	150			
ripple	47		**V**	
		voltage doubler rectifier		82
S		voltage follower		60
safe operating area	131	voltage source		22, 40
secondary side	124			
semiconductor field-effect transistor			**W**	
	89	wide-bandgap semiconductor		93
series regulator	19	winding ratio		36
short circuit current	175	winding resistance		125
shunt regulator	19, 62			
sine-triangle intersection method	106		**Z**	
sine wave	12	zener diode		52
smoothing capacitor	46	zener voltage		52
smoothing circuit	46			
snubber circuit	129		**あ**	
SOA	131	安全動作領域		131
square ware	21			
steady state	99		**い**	
step response	159	一次遅れ		159
step variation	159	一次側		124
switching device	89	インダクタ		28
switching regulator	17, 84	インバータ		16, 181
synchronous retification	120			
			え	
T		演算増幅器		58
the law of equal ampere-turns	36			
time constant	48, 97,159		**お**	
transfer function	157	オペアンプ		58
transformer	15, 34	オームの法則		12
turns ratio	124			

索 引

か

開放電圧	174
仮想短絡	59
過電流損失	34
還流ダイオード	121

き

寄生容量	60
キャパシタ	26
キャパシタインプット型整流回路	46
キャパシタンス	26
禁制帯幅	93

く

矩形波	21

け

ゲート駆動回路	89

こ

コイル	28
降圧チョッパ	87, 96
交直変換	17
効率	20
交流	10
コンデンサ	26
コンパレータ	106

さ

最大電力点	178
最大電力点追従	178
三角波比較方式	106
三端子レギュレータ	77

し

磁束	28
磁束鎖交数	28
実効値	40
シャントレギュレータ	19, 62
充電器	10
周波数帯域	58
出力インピーダンス	58
順方向電圧降下	40
昇圧チョッパ	87, 110
昇降圧チョッパ	87, 114
シリコンカーバイド	93
シリーズレギュレータ	19
指令値	150

す

スイッチング素子	32, 89
スイッチングレギュレータ	17, 84
数理モデル	152
ステップ応答	159
ステップ変化	159
スナバ回路	129

せ

制御	150
制御器	150
制御系	150
制御工学	150
制御対象	150
制御偏差	150
制御量	150
正弦波	12
静電容量	26

整流	40	電圧源	22, 40
整流回路	17, 40	電源	10
絶縁型	21, 87	電源回路	17
全波整流回路	43	伝達関数	157
		電流源	29
		電流増幅率	55

そ

操作量	150
増幅率	58
双方向チョッパ	118

た

ダイオード	40
太陽電池	174
ダーリントン接続したトランジスタ	
	75
短絡電流	175

ち

窒化ガリウム	93
直流	10

つ

通流率	85
ツェナーダイオード	52
ツェナー電圧	52

て

定格	11, 131
定常状態	99
鉄心	34
鉄損	34, 125
デッドタイム	121
デューティ	85

と

等アンペアターンの法則	36
同期整流	120
透磁率	34
銅損	34
時定数	48, 97,159

に

二次側	124
入力インピーダンス	58, 60

の

ノイズ	88

は

倍電圧整流回路	82
バイポーラデバイス	89
ハーフブリッジコンバータ	146
パルス幅変調	105
パワーコンディショナ	181
搬送波	106
反転増幅回路	59
バンドギャップ	93
バンドギャップリファレンス回路	69
半波整流回路	40

索引

ひ

比較器	106
ヒステリシス損失	34
非絶縁型	21, 87
比例ゲイン	168
比例制御	168

ふ

フィードバック	150
フォワードコンバータ	136
負荷	10
プッシュプルコンバータ	141
フライバックコンバータ	124
フルブリッジコンバータ	146
ブロック線図	157

へ

平滑回路	17, 46
平滑キャパシタ	46
平均モデル	165
変圧器	15, 17, 34
変調波	106

ほ

方形波	21
ボルテージフォロア	60

ま

巻数	34
巻数比	36, 124
巻線抵抗	36, 125

み

右ネジの法則	28
脈動	47

も

目標値	150
漏れインダクタンス	36, 125
漏れ磁束	34

や

山登り法	178

ゆ

ユニポーラデバイス	89

ら

ラプラス変換	153

り

リアクトル	28
理想スイッチ	90
理想的	22
理想変圧器	34, 125
リニアレギュレータ	17
リプル	47

れ

励磁インダクタンス	34, 125
レギュレータ	17

わ

ワイドバンドギャップ半導体	93

191

■著者紹介

柿ヶ野浩明（かきがの ひろあき）

2001年　名古屋大学大学院工学研究科博士前期課程修了
　　　　（株）ニッシンにて開発に従事
2004年　大阪大学大学院工学研究科博士後期課程入学
2006年　大阪大学工学研究科　助手（後に助教に改称）
2013年　立命館大学理工学部電気電子工学科　准教授
現在に至る。博士（工学）

専門：パワーエレクトロニクス
研究：電力供給システムに適用する各種パワーエレクトロニクス機器，直流給電

例題で学ぶ
はじめての電源回路

2017年12月8日　初版　第1刷発行

● 装丁　　　　　　　辻聡
● 組版＆トレース　　株式会社キャップス
● 編集　　　　　　　谷戸伸好

著　者　柿ヶ野浩明
発行者　片岡　巌
発行所　株式会社 技術評論社
　　　　東京都新宿区市谷左内町21-13
　　　　電話　03-3513-6150　販売促進部
　　　　　　　03-3267-2270　書籍編集部
印刷／製本　港北出版印刷株式会社

定価はカバーに表示してあります。

本書の一部または全部を著作権法の定める範囲を超え、無断で複写、複製、転載、テープ化、ファイル化することを禁じます。

造本には細心の注意を払っておりますが、万一、乱丁（ページの乱れ）や落丁（ページの抜け）がございましたら、小社販売促進部までお送りください。送料小社負担にてお取り替えいたします。

©2017　柿ヶ野浩明
ISBN978-4-7741-9401-1 C3054
Printed in Japan

■お願い

　本書に関するご質問については、本書に記載されている内容に関するもののみとさせていただきます。本書の内容と関係のないご質問につきましては、一切お答えできませんので、あらかじめご了承ください。また、電話でのご質問は受け付けておりませんので、FAXか書面にて下記までお送りください。

　なお、ご質問の際には、書名と該当ページ、返信先を明記してくださいますよう、お願いいたします。

　宛先：〒162-0846
　　　　東京都新宿区市谷左内町21-13
　　　　株式会社技術評論社　書籍編集部
　　　　「はじめての電源回路」質問係
　　　　FAX：03-3267-2271

　ご質問の際に記載いただいた個人情報は質問の返答以外の目的には使用いたしません。また、質問の返答後は速やかに削除させていただきます。